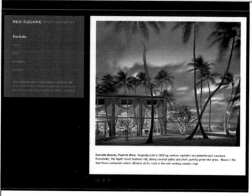

图 2.3

图 2.1

图 2.4

图 2.5

图 3.1

图 3.3

图 3.2

图 4.1a

图 4.1b

图 4.3a

图 4.3b

图 4.4a

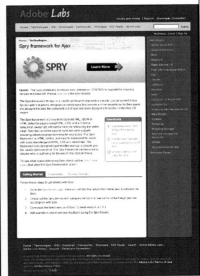

图 4.4b

图 4.6

图 4.35

图 5.1

图 5.27

图 5.28

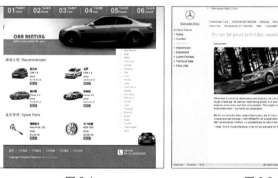

图 6.1

图 6.3

图 6.5

图 6.6

图 6.8

图 7.1

图 7.2

图 7.4

图 7.5

图 7.6

图 7.8

4

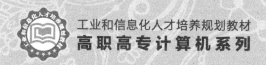

工业和信息化人才培养规划教材

高职高专计算机系列

◎ 温谦 周建国 练源 编著

网页设计与布局项目化教程
（HTML+CSS+DIV）

人民邮电出版社

北　京

图书在版编目（CIP）数据

网页设计与布局项目化教程 ：HTML+CSS+DIV ／ 温谦
， 周建国， 练源编著. -- 北京 ： 人民邮电出版社，
2013.9（2023.1重印）
工业和信息化人才培养规划教材. 高职高专计算机系
列
ISBN 978-7-115-31867-1

Ⅰ. ①网… Ⅱ. ①温… ②周… ③练… Ⅲ. ①网页制
作工具－高等职业教育－教材 Ⅳ. ①TP393.092

中国版本图书馆CIP数据核字（2013）第207454号

内 容 提 要

本书以六大完整案例为线索，紧密围绕在使用CSS＋DIV布局制作网页过程中遇到的实际需要和应该掌握的技术，全面介绍了CSS布局网页各方面的内容和技巧。

书中摒弃了案例书常见的一味罗列步骤，轻视技术原理的做法，把案例作为学习手段，不但侧重讲解CSS盒子模型、标准流、浮动、定位四大核心技术原理，更侧重讲解如何在实践中应用它们。读者通过案例，既可以掌握CSS的核心技术要点，也可以了解相关技术和工作流程，从而做到不但知其然，还知其所以然。

此外，本书还结合流行的CMS内容管理系统，讲解了使用CSS进行模板设计的方法，使读者可以举一反三地掌握为各种内容管理系统设计模板的方法。

本书可作为高等职业院校网页设计类课程教材，也适合具备一定HTML和网页设计制作基础的需要使用CSS的爱好者、Web设计人员和开发人员阅读。

◆ 编　著　温　谦　周建国　练　源
责任编辑　王　威
责任印制　焦志炜

◆ 人民邮电出版社出版发行　　北京市丰台区成寿寺路 11 号
邮编　100164　　电子邮件　315@ptpress.com.cn
网址　https://www.ptpress.com.cn
涿州市京南印刷厂印刷

◆ 开本：787×1092　1/16　　彩插：2
印张：16　　　　　　　　2013 年 9 月第 1 版
字数：411 千字　　　　　　2023 年 1 月河北第 14 次印刷

定价：49.80 元（附光盘）

读者服务热线：(010)81055256　印装质量热线：(010)81055316
反盗版热线：(010)81055315
广告经营许可证：京东市监广登字 20170147 号

前言

CSS和HTML一样，是一个非常基础性的规范，是任何一个Web站点设计过程中都离不开的"基础技术"。目前，我国很多高职院校都将"CSS"作为一门重要的专业课程。为了帮助高职院校的教师全面、系统地讲授这门课程，使学生能够熟练地使用CSS进行网页美化，我们组织长期在高职院校从事CSS教学的教师和专业网页设计公司经验丰富的设计师共同编写了本书。

本书以"案例"讲解为手段，使学生能够真正理解为什么要这么做，只有这样，才能使学生真正掌握。在各章中，我们把CSS的核心技术原理的讲解放在首位让学生明白如何在实践中使用某个原理；在实际制作时，需要注意的相关技术和工作流程方面重点有机地融合在一个案例中。通过案例的分析和学习，拓展学生的实际应用能力。在内容方面，力求细致全面、重点突出；在文字叙述方面，做到言简意赅、通俗易懂；在案例选取方面，强调案例的针对性和实用性。

本书还讲解了流行的CMS内容管理系统的模板设计方法。当前建立网站通常有两种方式，一种是完全根据需要定制开发，另一种是使用现成的内容管理系统，简称为CMS（Content Management System）。而当前也出现了很多非常流行的内容管理系统，很多网站正是使用CMS系统建立起来的，而要使用好CMS系统，就需要对CMS的模板机制和利用CSS来进行定制模板的方法熟练掌握。本书的后两章，就是专门针对使用CMS进行模板定制来讲解的。

本书配套光盘中包含了书中所有案例的素材及效果文件。另外，为方便教学，本书配备了详尽的教学资源，任课老师可登录人民邮电出版社教学服务与资源网（www.ptpedu.com.cn）免费下载使用。本书的参考学时为29学时，各章的参考学时参见下面的学时分配表。

章　节	课程内容	学时分配	
		讲　授	实　训
第1章	从基础开始	2	1
第2章	摄影师个人网站布局	2	1
第3章	生物研究中心网站布局	2	1
第4章	教育公司网站布局	2	1
第5章	网上书店布局	2	1
第6章	汽车服务公司网站布局	3	1
第7章	橘汁仙剑游戏网站（静态）布局	3	2
第8章	橘汁仙剑游戏网站（动态）布局	3	2
课时总计		19	10

由于水平有限，书中难免存在错误和不妥之处，敬请广大读者批评指正。

编　者
2013年4月

目录

第1章　从基础开始 …………… 1

1.1　(X)HTML 与 CSS ……………2
　1.1.1　DOCTYPE（文档类型）的含义
　　　　与选择 …………………2
　1.1.2　XHTML 与 HTML 的重要区别 …3
　1.1.3　CSS 的基本思想 …………3
　1.1.4　CSS 的引入 ……………5
　1.1.5　浏览器与 CSS …………5

1.2　CSS 的基本选择器 …………6
　1.2.1　理解 CSS 选择器的思想 ……6
　1.2.2　标记选择器 ……………7
　1.2.3　类别选择器 ……………8
　1.2.4　ID 选择器 ………………9

1.3　在 HTML 中引入 CSS 的方法 …10
　1.3.1　行内样式 ………………10
　1.3.2　内嵌式 …………………11
　1.3.3　外部样式表 ……………11
　1.3.4　链接式 …………………12
　1.3.5　各种方式的优先级问题 ……12

1.4　动手体验 CSS ………………14
　1.4.1　从零开始 ………………14
　1.4.2　使用 CSS 设置标题 ……15
　1.4.3　控制图片 ………………16
　1.4.4　设置正文 ………………16
　1.4.5　设置整体页面 …………17
　1.4.6　对段落分别进行设置 ……17
　1.4.7　兼容性检查 ……………18
　1.4.8　CSS 的注释 ……………19

1.5　网页使用的编辑软件 ………20
　1.5.1　可视化网页制作软件的优点 …20
　1.5.2　可视化软件的局限性 ……21
　1.5.3　善于使用代码视图的功能 …22

1.6　CSS 的复合选择器 …………24
　1.6.1　交集选择器 ……………24

　1.6.2　并集选择器 ……………25
　1.6.3　后代选择器 ……………27

1.7　CSS 的继承特性 ……………29
　1.7.1　继承关系 ………………29
　1.7.2　CSS 继承的运用 ………31

1.8　CSS 的层叠特性 ……………33
1.9　本章小结 ……………………35

第2章　摄影师个人网站布局 …… 36

2.1　案例描述 ……………………37
2.2　内容分析 ……………………38
2.3　HTML 结构设计 ……………40
2.4　原型设计 ……………………41
2.5　页面方案设计 ………………43
2.6　布局设计 ……………………43
2.7　CSS 技术准备——盒子模型 …44
2.8　设置页面的整体背景 ………46
2.9　制作照片展示区域 …………48
2.10　设置网页标题的图像替换 ……50
2.11　CSS 技术准备——定位 ………52
　2.11.1　理解标准文档流 ………52
　2.11.2　认识定位属性 …………53
　2.11.3　绝对定位 ………………54
2.12　设置网页标题的位置 ………55
2.13　设置网页文本内容 ………56
2.14　本章小结 …………………58

第3章　生物研究中心网站布局 …59

3.1　案例描述 ……………………60
3.2　内容分析 ……………………61
3.3　原型设计 ……………………62
3.4　页面方案设计 ………………63
3.5　CSS 技术准备
　　　——盒子的浮动 ……………63

3.5.1 设置浮动 ········· 64
3.5.2 浮动的方向 ········· 66
3.5.3 使用 clear 属性清除
浮动的影响 ········· 67
3.5.4 扩展盒子的高度 ········· 69
3.6 布局设计 ········· 70
3.7 CSS 技术准备——
在 CSS 中设置边框 ········· 70
3.7.1 对不同的边框设置
不同的属性值 ········· 71
3.7.2 在一行中同时设置
边框的宽度、颜色和样式 ··· 71
3.7.3 对一条边框设置与
其他边框不同的属性 ········· 72
3.7.4 同时指定一条边框的
一种属性 ········· 72
3.8 制作页头部分 ········· 72
3.9 制作主体部分 ········· 75
3.9.1 主体的左侧部分 ········· 76
3.9.2 主要内容区 ········· 79
3.10 CSS 技术扩展——扩充布局 ··· 82
3.11 本章小结 ········· 85

第4章 教育公司网站布局 ········· **86**
4.1 两列布局 ········· 87
4.2 案例描述 ········· 89
4.3 内容分析 ········· 90
4.4 原型设计 ········· 91
4.5 CSS 技术准备——
在 CSS 中使用背景图像 ········· 92
4.5.1 设置平铺方式 ········· 92
4.5.2 设置背景图像的位置 ········· 94
4.5.3 背景的简写 ········· 96
4.5.4 图像的固定设置 ········· 97
4.6 制作标题图像 ········· 97
4.7 CSS 技术准备——
实现圆角设计 ········· 99
4.8 制作页头部分 ········· 100
4.8.1 搭建页头部分的
HTML 结构 ········· 100
4.8.2 页面标题的图像替换 ······ 102

4.8.3 顶部菜单 ········· 102
4.8.4 主菜单 ········· 103
4.8.5 搜索框 ········· 104
4.8.6 页头部分的圆角框 ········· 105
4.9 制作主体部分 ········· 107
4.9.1 结构分析 ········· 107
4.9.2 面包屑导航 ········· 109
4.9.3 设置正文标题 ········· 109
4.9.4 设置页脚 ········· 110
4.9.5 添加页面内容 ········· 110
4.10 本章小结 ········· 112

第5章 网上书店布局 ········· **113**
5.1 案例描述 ········· 114
5.2 内容分析 ········· 116
5.3 HTML 结构设计 ········· 118
5.4 原型设计 ········· 121
5.5 页面方案设计 ········· 122
5.5.1 配色的技巧 ········· 123
5.5.2 切片的技巧 ········· 125
5.6 使用滑动门技术制作
导航菜单 ········· 128
5.7 制作主体部分 ········· 131
5.7.1 整体样式设计 ········· 131
5.7.2 内容部分的结构分析 ········· 131
5.7.3 设置右侧的主要内容列 ··· 133
5.7.4 制作左边栏 ········· 136
5.8 总结 CSS 布局的优点 ········· 139
5.9 制作可以适应变化宽度的
圆角框 ········· 140
5.10 CSS 技术扩展——
从"网页"到"网站" ········· 143
5.10.1 历史回顾 ········· 143
5.10.2 不完善的办法 ········· 144
5.10.3 服务器出场 ········· 144
5.10.4 CMS 出现 ········· 144
5.10.5 具体操作 ········· 144
5.10.6 CMS 的弊端 ········· 145
5.11 本章小结 ········· 145

**第6章 汽车服务公司
网站布局** ········· **146**

6.1 案例描述 ················ 147
6.2 内容分析 ················ 148
6.3 HTML 结构设计 ········· 151
6.4 原型设计 ················ 153
6.5 页面方案设计与切图 ····· 154
6.6 页面布局 ················ 155
  6.6.1 切片 ················ 156
  6.6.2 CSS 技术准备——
      行内元素与块级元素 ······ 157
  6.6.3 布局 ················ 160
  6.6.4 制作顶部菜单 ········ 160
  6.6.5 制作标题图像 ········ 162
  6.6.6 制作主体部分 ········ 162
6.7 实现超链接特效 ········· 164
  6.7.1 技术准备——
      设置超链接的 CSS 样式 ··· 165
  6.7.2 超链接效果 ·········· 168
6.8 兼容性检查 ·············· 169
6.9 本章小结 ················ 170

**第 7 章 橘汁仙剑游戏网站
（静态）布局** ·············· **171**

7.1 构思设计 ················ 172
  7.1.1 站点分析定位 ········ 172
  7.1.2 学习考察同类站点 ···· 173
  7.1.3 构思规划站点 ········ 176
7.2 切片制作和生成 ········· 178
  7.2.1 切片的制作 ·········· 178
  7.2.2 切片的生成 ·········· 180
7.3 页面制作 ················ 180
  7.3.1 整体框架的构建 ······ 181
  7.3.2 头部的制作 ·········· 182
  7.3.3 首页左侧信息栏的制作 ··· 185
  7.3.4 首页中部内容栏的制作 ··· 187
  7.3.5 在页面右侧添加
      百度搜索 ·············· 188
  7.3.6 在页面右侧添加广告位 ··· 192
  7.3.7 分类目录中导航的制作 ··· 192
  7.3.8 文章浏览区域的制作 ···· 194
  7.3.9 页脚的制作 ·········· 197
  7.3.10 用户面板的制作 ····· 199

7.4 本章小结 ················ 202

**第 8 章 橘汁仙剑游戏网站
（动态）布局** ·············· **203**

8.1 SupeSite 和 Discuz!
  系统简介 ················ 204
8.2 系统安装 ················ 205
8.3 使用 SupeSite 系统 ······ 206
  8.3.1 登录 SupeSite 后台设置 ··· 206
  8.3.2 基本设置 ············ 208
  8.3.3 资讯的发布和管理 ···· 210
  8.3.4 资讯等级审核 ········ 212
  8.3.5 资讯自定义字段 ······ 213
  8.3.6 其他设置 ············ 215
8.4 制作 SupeSite 模板 ······ 215
  8.4.1 SupeSite 模板系统 ···· 215
  8.4.2 选择需要制作的模板 ···· 216
  8.4.3 制作前的准备 ········ 218
  8.4.4 首页头部信息的制作 ···· 220
  8.4.5 首页头部导航的制作 ···· 221
  8.4.6 体验 SupeSite 模块设置 ··· 223
  8.4.7 在头部导航中加入
      资讯分类 ·············· 226
  8.4.8 首页主体内容的制作 ···· 228
  8.4.9 深入探究 SupeSite
      模块系统 ·············· 230
  8.4.10 首页页脚的制作 ····· 232
  8.4.11 站点头部及页脚文件的
      制作 ················ 234
  8.4.12 分类目录页的制作 ··· 236
  8.4.13 文章浏览页面的制作 ··· 237
  8.4.14 用户面板的制作 ····· 239
  8.4.15 SupeSite 模板制作小结 ··· 241
8.5 模块系统的高级应用 ······ 242
  8.5.1 SupeSite 模块系统的
      语法格式 ·············· 242
  8.5.2 条件判断语句 ········ 244
  8.5.3 自定义广告显示函数 ···· 246
8.6 完成测试 ················ 247
8.7 Discuz! 模板系统简介 ···· 247
8.8 本章小结 ················ 250

第1章
从基础开始

制作网页的基础是使用HTML语言。实际上使用HTML非常简单，其核心思想就是需要设置什么样式，就使用相应的HTML标记或者属性。然而仅仅依靠HTML会遇到很多难以解决的问题，为此HTML逐步发展到了XHTML，CSS也应运而生。因此在本章中，将简单介绍HTML，XHTML和CSS三者之间的关系，以及CSS的基础知识，读者须重点理解使用CSS的核心原理。

课堂学习目标

- (X)HTML与CSS
- CSS的基本选择器
- 在HTML中引入CSS的方法
- 动手体验CSS
- 网页使用的编辑软件
- CSS的复合选择器
- CSS的继承特性
- CSS的层叠特性

1.1 (X)HTML 与 CSS

在HTML的初期，为了使它能被更广泛地接受，大幅度放宽了其标准，例如标记可以不封闭、属性可以加引号也可以不加引号等。这就导致出现了很多混乱和不规范的代码，不符合标准化的发展趋势，影响了互联网的进一步发展。随着网络技术日新月异的发展，HTML也经历着不断的改进，从而产生了XHTML（可扩展HTML），因此可以认为XHTML是HTML的"严谨版"。

XHTML是由W3C组织（World Wide Web Consortium，全球万维网联盟）负责制定的。W3C的主要职责是研究Web规范和指导方针，推动Web发展，确定万维网的发展方向，并且制定相关的建议。它负责制定了CSS，XML，XHTML和MathML等多种网络技术规范。

从HTML到XHTML，经历了若干版本。目前HTML最高到4.01版，XHTML到1.1版。

1.1.1 DOCTYPE（文档类型）的含义与选择

由于同时存在不同的规范和版本，因此为了使浏览器能够兼容多种规范，规范中规定可以使用DOCTYPE指令来声明使用哪种规范解释该文档。目前，常用HTML或者XHTML作为文档类型，而规范又规定HTML和XHTML又各自有不同的子类型，例如包括"严格类型"和"过渡类型"。

其中，"过渡类型"是兼容以前版本定义，而在新版本已经废弃的标记和属性，"严格类型"则不兼容已经废弃的标记和属性。

目前，建议读者使用XHTML 1.0 transitional类型（XHTML 1.0过渡类型），这样设计师就可以按照XHTML的标准书写符合Web标准的网页代码，同时在一些特殊情况下还可以使用传统的做法。具体声明方法如下面的这段代码所示。

```
<!DOCTYPE html PUBLIC "-//W3C//DTD XHTML 1.0 Transitional//EN"
    "http://www.w3.org/TR/xhtml1/DTD/xhtml1-transitional.dtd">
<html xmlns="http://www.w3.org/1999/xhtml">
    <head>
        <title> 无标题文档 </title>
    </head>
    <body>
    </body>
</html>
```

可以看到最上面有两行关于"DOCTYPE"（文档类型）的声明，它就是告诉浏览器，使用XHTML 1.0的过渡规范来解释这个文档中的代码。在第3行中，<html>标记带有一个xmlns属性，它被称为"XML命名空间"，其具体含义不用深究、不用修改，只要照抄即可。

如果读者觉得这些代码难以记忆，可以使用Dreamweaver或者Expression Web等网页制作辅助软件，在新建文档的时候选择使用哪种文档类型，这些文档类型代码就会自动生成，不需要记住具体代码。

　　例如，在Dreamweaver的【新建文档】对话框中，在右下方有一个【文档类型】下拉框，如图1.1所示。

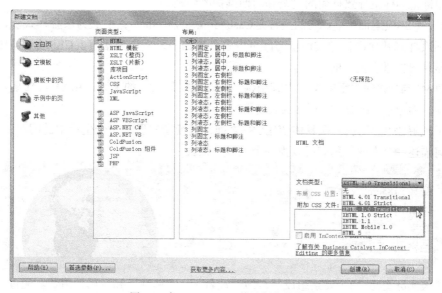

图 1.1　在 Dreamweaver 中选择文档类型

1.1.2　XHTML 与 HTML 的重要区别

　　XHTML和HTML最重要的区别是许多HTML中定义的标记和属性已经被废止。此外还有以下注意事项。

　　（1）在XHTML中标记名称必须小写。

　　（2）在XHTML中属性名称必须小写。

　　（3）在XHTML中标记必须严格嵌套。

　　（4）在XHTML中标记必须封闭。

　　（5）在XHTML中空元素的标记也必须封闭。

　　（6）在XHTML中属性值用双引号括起来。

　　（7）在XHTML中属性值必须使用完整形式。

1.1.3　CSS 的基本思想

　　CSS出现的根本原因在于，HTML中的内容与表现代码混杂在一起，导致出现了以下几点仅靠HTML难以解决的问题。

　　（1）维护困难。为了修改某个特殊标记（如<h2>标记）的格式，需要花费很多时间，尤其对于整个网站而言，后期修改和维护的成本很高。

（2）标记不足。HTML本身的标记十分少，很多标记都是为网页内容服务的，而关于美工样式的标记（如文字间距、段落缩进等）在HTML中很难找到。

（3）网页过"胖"。由于没有对各种风格样式进行统一控制，因此HTML的页面往往体积过大，占用了很多宝贵的带宽。

（4）定位困难。在整体布局页面时，HTML对于各个模块的位置调整显得捉襟见肘，过多的其他标记同样也导致页面的复杂和后期维护的困难。

为此，CSS应运而生。CSS的全称是Cascading Style Sheet，中文为层叠样式表，它是用于控制网页样式并允许将样式信息与网页内容分离的一种标记性语言。CSS最早是1996年由W3C审核通过并推荐使用的。

XHTML与CSS的关系就是"内容结构"与"表现形式"的关系，由XHTML确定网页的结构内容，而通过CSS来决定页面的表现形式。

为了理解CSS的用法，在具体使用CSS之前，请读者先思考一个生活中的问题：通常我们是如何描述一个人的？我们可以为一个人列一张表：

```
李逵 {
    身高：185cm；
    体重：105kg；
    性别：男；
    性格：莽撞；
}
```

这个表实际上是由3个要素组成的，即"姓名"、"属性"和"属性值"。通过这样一张表，就可以把一个人的基本情况描述出来了。表中每一行分别描述了一个人的某一种属性以及该属性的属性值。

CSS的作用就是设置网页各个组成部分的表现形式。因此，如果把上面的表格换成描述网页上一个标题的属性表，可以设想大致会是这个样子：

```
2级标题 {
    字体：宋体；
    大小：15 像素；
    颜色：红色；
}
```

再进一步，如果我们把上面的表格用英文写出来，则如下：

```
h2{
    font-family: 宋体；
    font-size:15px;
    color: red;
}
```

这就是完全正确的CSS代码了。由此可见，CSS的原理实际上非常简单，对于使用英语的人来说，写CSS代码几乎和使用自然语言一样简单。而对于我们中国人，只要理解了这些属性的含义，就并不复杂，相信每一位读者都可以掌握它。

CSS的思想就是首先指定对什么"对象"进行设置，然后指定对该对象哪个方面的"属性"进行设置，最后给出该设置的"值"。因此，概括来说，CSS就是由"对象"、"属性"和"值"3个基本部分组成的。

1.1.4 CSS 的引入

下面看一个具体的页面，代码如下：

```
<html>
<head>
    <title> 演示 </title>
    <meta http-equiv="Content-Type" content="text/html; charset=gb2312">
<style>
p{
    color:blue;
}
</style>
</head>
<body>
    <h2> 这是标题文本 </h2>
    <p> 这里是正文内容 </p>
    <p> 这里是正文内容 </p>
</body>
</html>
```

可以看到，这个页面由1个标题和2个文本段落构成，在HTML中没有设置任何font属性，而在页面的head部分，使用了<style>标记以及其中对<p>标记的定义，即：

```
p{
    color:blue;
    }
```

还可以看到，页面中的两个文本段落都是用蓝色显示的，这就是CSS产生的作用，如图1.2所示。

从这个很简单的例子中可以明显看出，CSS对于网页的整体控制较单纯的HTML语言有了突破性的进展，并且它的后期修改和维护都十分方便。不仅如此，CSS还提供了各种丰富的格式控制方法，使得网页设计者能够轻松地应对各种页面效果，这些都将在后面的章节中逐一讲解。

最核心的变化就是，原来由HTML同时承担的"内容"和"表现"双重任务，现在分离开了，"内容"仍然由HTML负责，而"表现形式"则是通过<style>标记中的CSS代码负责的。当然，由于还没有介绍CSS的具体用法，因此以上代码的具体内容读者可能还无法清晰地理解，但是读者只要明白其中的原理即可。

图 1.2 设置 CSS 样式后的效果

1.1.5 浏览器与 CSS

网上的浏览器各式各样，绝大多数浏览器对CSS都有很好的支持，因此设计者不用担心其设计的CSS文件不能显示。但目前主要的问题在于，各个浏览器在对CSS很多细节的处理上存在差异，设计者在一种浏览器上设计的CSS效果，在其他浏览器上的显示效果很可能会不一样。就目前主流的两大浏览器IE（Internet Explorer）与Firefox而言，在某些细节的处理上就不尽相同。IE 6与IE 7对相同页面的浏览效果也存在一些差异。图1.3所示分别是IE和Firefox的标志。

图 1.3　IE 和 Firefox 的标志

就目前而言，使用最多的3种浏览器是IE 6、IE 7和Firefox，制作网页后应该进行调整，使页面在IE6、IE7和Firefox这3个浏览器中都显示正确，这样可以保证99%以上的访问者正确浏览该网页。

但出现各个浏览器效果上的差异，主要是因为各个浏览器对CSS样式默认值的设置不同，因此可以通过对CSS文件各个细节的严格编写，使得各个浏览器达到基本相同的效果。这点在后续的章节中都会提到。

> 经验
>
> 　　使用CSS制作网页时，一个基本的要求就是网页在主流的浏览器中的显示效果要基本一致。通常的做法是一边编写HTML和CSS代码，一边在两个不同的浏览器上进行预览，以便及时地调整各个细节，这对深入掌握CSS也是很有好处的。
>
> 　　另外Dreamweaver的"视图"模式只能作为设计时的参考来使用，绝对不能作为最终显示效果的依据，只有浏览器中的效果才是大家所看到的。

1.2　CSS 的基本选择器

在CSS的3个组成部分中，"对象"是很重要的，它指定了对哪些网页元素进行设置，因此，它有一个专门的名称——选择器（selector）。

选择器是CSS中很重要的概念，所有HTML语言中的标记样式都是通过不同的CSS选择器进行控制的。用户只需要通过选择器对不同的HTML标签进行选择，并赋予各种样式声明，即可实现各种效果。

1.2.1　理解 CSS 选择器的思想

为了理解选择器的概念，可以以"地图"作为类比。在地图上都可以看到一些"图例"，如河流用蓝色的线表示，山峰用三角形表示，省会城市用黑色圆点表示等，如图1.4所示。

本质上，这就是一种"内容"与"表现形式"的对应关系。而在网页上，也同样存在着这样的对应关系，例如h1标题用蓝色文字表示，h2标题用红色文字表示。因此为了能够使CSS规则与HTML元素对应起来，就必须定义一套完整的规则，实现CSS对HTML的"选择"，这就是被叫作"选择器"的原因。

在CSS中，有几种不同类型的选择，本节先来介绍基本选择器。它是相对于下一节中要介绍的复合选择器而言的，也就是说复合选择器是通过对基本选择器进行组合而构成的。

图1.4　地图中的"图例"

基本选择器有标记选择器、类别选择器和ID选择器3种，下面依次介绍。

1.2.2　标记选择器

一个HTML页面由很多不同的标记组成，而CSS标记选择器就是声明哪些标记采用哪种CSS样式，因此，每一种HTML标记的名称都可以作为相应的标记选择器的名称。如p选择器，就是用于声明页面中所有<p>标记的样式风格。同样可以通过h1选择器来声明页面中所有<h1>标记的CSS风格，如下所示：

```
<style>
h1{
    color: red;
    font-size: 25px;
}
</style>
```

以上这段CSS代码声明了HTML页面中所有的<h1>标记，其文字的颜色都采用红色，大小都为25px。每一个CSS选择器都包含选择器本身、属性和值，其中属性和值可以设置多个，从而实现对同一个标记声明多种样式风格，如图1.5所示。

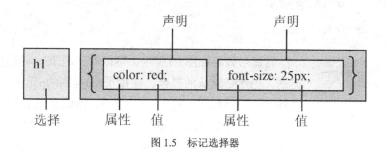

图 1.5　标记选择器

如果希望所有<h1>标记不再采用红色，而是采用蓝色，这时仅仅需要将属性color的值修改为blue，即可全部生效。

1.2.3 类别选择器

在上一节中提到的标记选择器一旦声明，那么页面中所有的该标记都会相应地发生变化。例如当声明了<p>标记为红色时，页面中所有的<p>标记都将显示为红色。如果希望其中的某一个<p>标记不显示为红色而是蓝色，仅依靠标记选择器是不够的，还需要引入类别（class）选择器。

类别选择器的名称可以由用户自定义，属性和值跟标记选择器一样，也必须符合CSS规范，如图1.6所示。

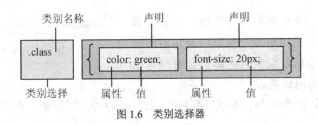

图 1.6 类别选择器

例如当页面中同时出现多个<p>标记，并且希望它们显示的颜色各不相同时，就可以通过设置不同的类别选择器来实现。一个完整的案例如下所示。

```html
<html>
<head>
<title>class 选择器 </title>
<style type="text/css">
.red{
    color:red;          /* 红色 */
    font-size:18px;     /* 文字大小 */
}
</style>
</head>

<body>
    <p class="red">class 选择器 1</p>
    <p>class 选择器 2</p>
    <h3 class="red">h3 同样适用 </h3>
</body>
</html>
```

图 1.7 类别选择器示例

其显示效果如图1.7所示，可以看到两个<p>标记中没使用red类别，仍然是默认的黑色，使用了red类别的p元素显示为红色。另外一个<h3>标记也使用了red类别，因此也显示为红色。

在图1.7中仔细观察还会发现，最后一行<h3>标记显示效果为粗体字，这是因为在red类别中没有定义字体的粗细属性，所以h3标题仍然采用其自身默认的显示方式，显示为粗体字，而<p>标记仍默认为正常粗细。

上面的案例说明，同一个类别可以应用于多个标记。此外，还可以同时给一个标记运用多个类别选择器，从而将两个类别的样式风格同时运用到一个标记中，如下例所示。

首先定义两个样式，分别定义了颜色和文字的大小，代码如下。

```
.blue{
    color:blue;              /* 颜色 */
}
.big{
    font-size:22px;          /* 字体大小 */
}
```

然后可以对同一个元素同时使用这两个类别。

```
<body>
    <h4 class="blue big"> 两种 class，同时使用 blue 和 big。 </h4>
</body>
```

将两个类别同时作为class的值，两个类别名称之间用空格分隔即可。

1.2.4　ID 选择器

ID选择器的使用方法跟类别选择器基本相同，不同之处在于ID选择器只能在HTML页面中使用一次，因此其针对性更强。在HTML的标记中只需要利用id属性，就可以直接调用CSS中的ID选择器，其格式如图1.8所示。

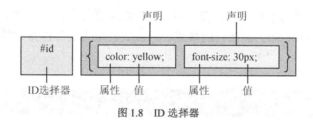

图 1.8　ID 选择器

下面举一个实例，例如先定义两个ID选择器及其样式。

```
#bold{
    font-weight:bold;        /* 粗体 */
    }
#green{
    font-size:30px;          /* 字体大小 */
    color:#009900;           /* 颜色 */
    }
```

然后分别将它们应用到各自的元素上。

```
<body>
    <p id="blod">ID 选择器 1</p>
    <p id="green">ID 选择器 3</p>
</body>
```

类别选择器与ID选择器在直观上的区别是：在定义时选择器的前缀不同，ID选择器用"#"，类别选择器用"."；在HTML使用时，前者用id属性，后者用class属性。

二者更深层次的区别在于：一个ID选择器的样式只能用于一个HTML元素，一个

HTML元素只能使用一个ID选择器。而类别选择器则没有这个限制，如下面的代码是完全正确的。

```
<p class="class-a"> 使用类别选择器 </p>
<p class="calss-a"> 使用类别选择器 </p>
<p class="class-a    class-b"> 使用类别选择器 </p>
```

而下面的代码是错误的，因为id-a赋给了两个元素，第3个元素同时使用了两个ID选择器定义的样式。

```
<p id="id-a"> 使用 ID 选择器 </p>
<p id="id-a"> 使用 ID 选择器 </p>
<p id="id-c    id-d"> 使用 ID 选择器 </p>
```

那么在实际工作中，如何确定是使用类别选择器还是ID选择器呢？这要根据元素的具体情况确定。有的内容，如要指定页面中元素的样式（如制定页头、页脚的样式），在一个页面中只出现一次，就应该使用ID选择器；而有的元素要出现多次，则应该使用类别选择器。

1.3 在 HTML 中引入 CSS 的方法

在对CSS有了大致的了解之后，便可以使用CSS对页面进行全方位的控制。本节主要介绍如何在HTML中使用CSS，包括行内样式、内嵌式、导入式和链接式等，最后探讨各种方式的优先级问题。

1.3.1 行内样式

行内样式是所有样式方法中最为直接的一种，它直接对HTML的标记使用style属性，然后将CSS代码直接写在其中，如下面的代码所示。

```
<html>
<head>
<title> 页面标题 </title>
</head>
<body>
        <p style="color:#FF0000; font-size:20px; text-
decoration:underline;"> 正文内容 1</p>
        <p style="color:#000000; font-style:italic;"> 正文内容 2</p>
        <p style="color:#FF00FF; font-size:25px; font-weight:bold;">
正文内容 3</p>
</body>
</html>
```

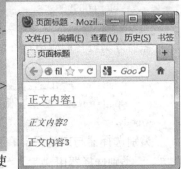

图 1.9　行内样式

其显示效果如图1.9所示。可以看到在3个<p>标记中都使用了style属性，并且设置了不同的CSS样式，各个样式之间互不影响，分别显示自己的样式效果。

行内样式是最为简单的CSS使用方法，但由于需要为每一个标记设置style属性，它的后期维护成本依然很高，而且网页容易过"胖"，因此不推荐使用。

1.3.2 内嵌式

内嵌式就是将CSS写在<head>与</head>之间，并且用<style>和</style>标记进行声明。例如先对<p>标记进行CSS设置。

```
<html>
<head>
<title> 页面标题 </title>
<style type="text/css">
p{
        color:#0000FF;
        text-decoration:underline;
        font-weight:bold;
        font-size:25px;
}
</style>
</head>
<body>
        <p> 这是第 1 行正文内容……</p>
        <p> 这是第 2 行正文内容……</p>
        <p> 这是第 3 行正文内容……</p>
</body>
</html>
```

其效果如1.10所示。

可以从代码中看到，所有CSS的代码部分被集中在了同一个区域，方便了后期的维护，而页面本身也大大"瘦身"。但如果一个网站拥有很多页面，对于不同页面上的<p>标记又希望采用同样的风格时，内嵌式就显得略微麻烦，维护成本也不低。因此它仅适用于对特殊的页面设置单独的样式风格。

图1.10 内嵌式

1.3.3 外部样式表

前面介绍的两种样式表都是包含在一个页面中的，如果一个网站含有多个页面，希望使用相同的CSS设置，上面的两种方式就不够方便了。这时可以使用外部样式表，也就是把样式表存储在一个单独的文件中，同时供一个网站中的多个网页使用。

外部样式表包括导入式和链接式两种，它们都是将HTML页面本身与CSS样式风格分离为两个或者多个文件，实现了页面框架HTML代码与美工CSS代码的完全分离，使得前期制作和后期维护都十分方便，网站后台的技术人员与美工设计者也可以很好地分工合作。

这里先介绍导入式，例如要将上一节中的代码改为链接式，那么首先将<style>和</style>之间的代码（不包括<style>和</style>本身）从原代码中剪切，另存到一个文本文件中，保存为一个新文件，通常以.css为文件后缀名，例如叫sheet1.css。文件内容为：

```
p{
    color:#0000FF;
    text-decoration:underline;
    font-weight:bold;
    font-size:25px;
}
```

然后在HTML文件中，在<style>和</style>之间引入这个CSS文件，写作：

```
<style>
    @import url(sheet1.css);
</style>
```

这样可以取得和原来内嵌式相同的效果。此外，引入CSS文件时，以下写法都是正确的，可以任选一种。

```
@import url(sheet1.css);
@import url("sheet1.css");
@import url('sheet1.css');
@import sheet1.css;
@import "sheet1.css";
@import 'sheet1.css';
```

1.3.4　链接式

链接式和导入式的效果是相同的，区别在于引入的方式不同。例如要将上面的导入式改为链接式引入，对CSS文件本身不需要修改，仅需要把<style>至</style>（包括它本身）的所有代码删除，然后加入一行如下代码。

```
<link href="sheet1.css" type="text/css" rel="stylesheet">
```

可以看到这是通过<link>标记引入的，具体文件名由href属性确定。

目前使用链接式的更多一些。

1.3.5　各种方式的优先级问题

上面的4个小节分别介绍了CSS控制页面的4种不同方法，各种方法都有其自身的特点。当这4种方法同时运用到同一个HTML文件的同一个标记上时，将会出现优先级的问题。如果在各种方法中设置的属性不一样，例如内嵌式设置字体为宋体，行内样式设置颜色为红色，那么显示结果会二者同时生效，为宋体红色字，这并不存在冲突。但是，当不同的选择器对同一个元素设置同一个属性时，例如都设置字体的颜色，情况就会比较复杂。下面举一个例子。

首先创建两个CSS文件，其中第一个命名为red.css，其内容为

```
p{
    color:red;
}
```

第2个命名为green.css，其内容为

```
p{
    color:green;
}
```

这两个CSS的作用分别将文本段落文字的颜色设置为红色和绿色。接着创建一个HTML文件如下：

```
<html>
<head>
    <title> 页面标题 </title>
    <style type="text/css">
      p{
          color:#blue;
      }
      @import url(red.css);
    </style>
</head>
<body>
    <p style="color:gray;"> 观察文字颜色 </p>
</body>
</html>
```

从代码中可以看到，内嵌式将p段落文字的颜色设置为蓝色，而行内样式又将p段落文字的颜色设置为灰色，此外，通过导入的方式引入了red.css，它将文字颜色设置为红色。那么这时这个段落文字到底会显示为什么颜色呢？它在浏览器中的效果如图1.11所示。可以看到，结果是灰色，即是以行内样式为准的。

接下来，将行内样式代码删除，再次在浏览器中观察，可以看到效果如图1.12所示。

图1.11 文字显示为灰色

图1.12 文字显示为蓝色

可以看到，结果是蓝色，即是以内嵌式为准的。接着把嵌入的代码删除，仅保留导入的命令，这时在浏览器中将看到红色的文字。从而说明，行内、内嵌和导入这3种方式之间的优先级关系是：

行内样式 > 内嵌式 > 导入式

而当使用了外部的样式表（包括链接式和导入式）时，情况会变得更为复杂，简单地理

解可以认为：

（1）行内样式>内嵌式>外部样式；

（2）外部样式中，出现在后面的优先级高于出现在前面的优先级。

严格来说，还有一些更为复杂的情况，但是并不常遇到，这里不予详细介绍。

 虽然各种CSS样式加入页面的方式有优先级，但在建设网站时，最好只使用其中的1～2种，这样既有利于后期的维护和管理，也不会出现各种样式"冲突"的情况，从而便于设计者理顺设计的整体思路。

通过前面几节的学习，读者应该充分理解对于一个网页而言，"内容"和"表现形式"各自的含义，进而充分理解仅仅通过HTML制作网页所具有的局限性和不足，体会CSS的作用和意义；同时，理解XHTML和HTML的演进关系。

1.4 动手体验 CSS

图 1.13　体验 CSS

此时，我们已经理解了CSS的基本思想和基本使用方法。在继续深入学习各种CSS属性之前，本节先进行一些实际的操作，复习一下前面介绍过的在网页中使用图像和文字的方法，同时也实际编写一个比较完整的使用CSS的网页，为后面继续深入学习HTML和CSS打下基础。

本节通过一个简单的实例，初步体验CSS是如何控制页面的，以便对页面从无到有并使用CSS实现一些效果有一个初步的了解。对于本节中的很多细节，读者不必深究，在以后的章节中都将一一讲解，本节的主要目的是使读者对整个流程有一个比较全面的认识。该例的最终效果如图1.13所示。

1.4.1　从零开始

首先，我们完全采用手工编写代码的方式制作这个页面，然后再看一看如何使用Dreamweaver更方便地制作它。

首先建立HTML文件，构建最简单的页面框架，其内容包括标题和正文部分，每一个部

14

分又分别处于不同的模块中。代码如下所示：

```
<!DOCTYPE html PUBLIC "-//W3C//DTD XHTML 1.0 Transitional//EN"
              "http://www.w3.org/TR/xhtml1/DTD/xhtml1-transitional.dtd">
<html xmlns="http://www.w3.org/1999/xhtml">

<head>
    <title> 体验 CSS</title>
</head>

<body>
    <h1> 启源网络有限公司 </h1>
    <img src="photo.gif" width="128" height="128"/>
    <p id="p1"> 依托于在安防领域丰富的设计……的安防解决方案。 </p>
    <p id="p2"> 在原有网络产品和服务供应……网络迅速步入行业的前沿。 </p>
</body>
</html>
```

页面的内容非常简单，只有1个标题、1个图像和2个文本段落，而未加任何CSS设置，在浏览器中的显示效果如图1.14所示，左侧列出了HTML中的4个元素。页面现在看上去十分单调，但页面的核心框架已经产生。

图 1.14　核心框架

图中的所有样式（如标题的大小、文字的粗细）都是HTML中默认的样式。下面我们通过CSS使这个页面的效果更丰富一些。

1.4.2　使用 CSS 设置标题

下面对标题进行样式的修改。使用橘黄色背景的白色文字可以使标题更醒目。另外，这里将标题设为水平居中，并且与正文有一定的距离。

首先在HTML的head部分加入<style>标记，然后在它们之间加入CSS样式规则，代码如下：

```
<html>
    <head>
        <title> 体验 CSS</title>
    <style type="text/css">
    h1{
        color: white;                    /* 文字颜色 */;
        background-color: #FF9933;       /* 背景色 */
```

```
        font-size: 30px;              /* 字号 */
        font-weight: bold;            /* 粗体 */;
        text-align: center;           /* 水平居中 */;
        padding: 15px;                /* 间距 */
    }
    </style>
    </head>
    <body>
    ……省略……
```

此时的显示效果如图1.15所示，标题部分明显较图1.14有所突出。

图 1.15　修改标题样式

请注意上面的代码中，<style>标记使用一个type属性，属性值为"text/css"。不加这个属性，一般浏览器也可以正确显示，但是它不符合XHTML的规范，XHTML要求<style>标记都有type属性。

1.4.3　控制图片

在对标题和正文都进行了CSS控制后，整个页面的焦点便集中在了插图上。如图1.15所示，图片与文字的排列显得不够协调。在<style>与</style>标记之间加入如下代码：

```
img{
    float:left;
    border:1px #9999CC dashed;
    margin:5px;
}
```

其效果如图1.16所示，实现了类似Word的图文混排效果，不再像图1.15所示那样，文字上方空出一大截。关于图文混排将在后面的章节中详细介绍。此外，图像周围还出现一圈虚线边框，这是由代码中border属性设置的效果。

图 1.16　图文混排

1.4.4　设置正文

下面设置正文部分，可以控制文字的大小、排列的疏密等属性，使得整体上达到更加协调的效果。在<style>与</style>标记之间加入如下代码：

```
p{
    font-size:12px;
    text-indent:2em;
    line-height:1.5;
    padding:5px;
    }
```

此时的显示效果如图1.17所示。可以看到正文的字号变得比原来要小，而行间距则略有放大。正文的文字与图片都跟浏览器边界有了一定的距离，整体感觉比原来舒服了很多。此外，每个段落首行开头还空出了两个字符的空白，这样更符合中文的排版方式。

图 1.17　设置正文样式

1.4.5　设置整体页面

接下来对整体页面进行设置，对<body>标记设置样式，消除网页内容与浏览器窗口边界之间的空白，并设置浅色的背景色。

```
body{
    margin:0px;
    background-color:#E6E6E6;
    }
```

这时效果如图1.18所示。

图 1.18　设置整体页面

1.4.6　对段落分别进行设置

如果读者对选择器的概念还有印象，可以看出上面设置CSS样式使用的都是"标记选择器"。为了验证一下其他选择器的用法，这里我们为两个文本段落各自设置不同的效果。

首先，给两个段落的<p>标记分别设置一个id属性，代码如下：

```
<p id="p1"> 依托于在安防……的安防解决方案。 </p>
<p id="p2"> 在原有网络产……步入行业的前沿。 </p>
```

然后在CSS部分设置如下CSS规则：

```
#p1{
    border-right: 6px #008000 double ;
}

#p2{
    border-right: 6px #0000FF double ;
}
```

这时效果如图1.19所示。可以看到，在两个段落的右侧，分别出现了两条竖线，上面的竖线是绿色的，下面的竖线是蓝色的。

图1.19　对段落进行不同的设置

经验

从这里可以看出CSS所具有的灵活性。前面使用<p>标记选择器，对两个段落设置具有共性的属性，然后再用不同的id选择器设置各个段落的具有个性的样式。

1.4.7　兼容性检查

前面提到过，目前使用的浏览器有几种，例如IE 7、IE 8和Firefox，同一个页面在不同的浏览器上显示，效果可能会不同，因此应该在主流浏览器中检查。例如图1.19中显示的是在Firefox中的效果，那么下面就分别用IE 6和IE7打开这个页面，效果如图1.20和图1.21所示。

图1.20　在 IE 6 浏览器中的效果

图1.21　在 IE 7 浏览器中的效果

可以看到，在这两个IE浏览器中的效果和在Firefox中的效果确实略有差别。在IE中，标题的上方与浏览器窗口的上边缘紧贴着，而在Firefox中它们则有一定的距离。这是因为Firefox和IE对最上面h1标题的默认设置有所不同。

为了使页面在3种浏览器中的效果相同，可以在h1的样式设置中稍作修改。如果希望都像在Firefox中那样上部有一定的空白，那么在h1的样式中增加如下一行：

```
margin-top:15px;
```

这时，在IE浏览器中的效果如图1.22所示。可以看到，它和Firefox中的效果相同了。

图 1.22　调整后在 IE 浏览器中的效果

当然，如果不希望有这段空白，也可以像在IE浏览器中那样，标题直接紧贴着浏览器窗口上边框，那么在h1的样式中增加如下一行：

```
margin-top:0px;
```

这时，在Firefox中的效果如图1.23所示。可以看到，它和IE浏览器中的效果相同了。

图 1.23　调整后在 Firefox 浏览器中的效果

1.4.8　CSS 的注释

编写CSS代码与编写其他的程序一样，养成良好的写注释的习惯对于提高代码的可读性、减少日后维护的成本都非常重要。在CSS中，注释的语句都位于"/*"与"*/"之间，其内容可以是单行也可以是多行，如下都是CSS的合法注释。

> /* 这是有效的 CSS 注释内容 */
> /* 如果注释内容比较长，也可以写在
>   多行中，同样是有效的 */

另外需要注意的是，对于单行注释，每行注释的结尾都必须加上"*/"，否则之后的代码会失效，例如下面代码中的后3行将会被当作注释而发挥不了任何作用。

```
h1{color: gray;}        /* this CSS comment is several lines
h2{color: silver;}      long, but since it is not wrapped
p{color: white;}        in comment markers, the last three
pre{color: gray;}       styles are part of the comment. */
```

因此在添加单行注释时，必须注意将结尾处的"*/"加上。另外，在<style>与</style>之间有时会见到"<!--"和"-->"将所有的CSS代码包含于其中，这是为了避免不支持CSS的老式浏览器将CSS代码直接显示在浏览器上而设置的HTML注释。

1.5 网页使用的编辑软件

前面的实践中，我们完全是使用自己编写代码的方式完成的，这就要求制作者对CSS的属性非常了解，否则就会比较吃力。因此，除了普通的文本编辑软件之外，网页设计师也经常使用一些可视化的网页制作软件。

目前最流行的两个可视化网页制作软件是Adobe公司开发的Dreamweaver和微软公司开发的Expression Web，二者功能比较接近，软件的标识如图1.24所示。

图1.24　常用的网页制作软件标识

1.5.1 可视化网页制作软件的优点

网页制作这项工作出现的时间并不长，因此存在大量的入门用户，使用可视化的方式更适合入门，便有很大的市场需求。此外，一个重要的原因是以前大都使用表格布局，给设计师提供了不用理解代码、直接在软件中拖曳就可以制作网页的可能，因此Dreamweaver等软件就得到了极大的普及。

在软件中可以同时显示网页代码的网页设计效果以及相关的很多功能，如图1.25所示。

在编辑CSS样式时，软件提供了CSS属性面板和对话框，如图1.26所示。在面板和对话框中，可以通过"选择"的方式输入CSS属性值，而不必手工输入属性名称，这样无疑为那些对CSS还不是很熟悉的用户提供了很大的帮助。

视图切换

代码视图

设计视图

多文档切换
快速选择元素

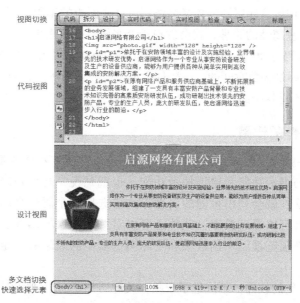

图 1.25　在可视化软件中设计网页

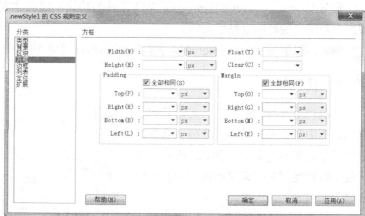

图 1.26　通过面板和对话框设置 CSS 样式

当然这些功能的本质都是编辑CSS，使用可视化方式设置的CSS和在代码视图中输入CSS样式代码本质上是完全一样的。

1.5.2　可视化软件的局限性

可视化的网页制作软件有很多优点，使用Fireworks（或Photoshop）和Dreamweaver软件制作过表格布局的读者都有很深的体会，这些软件可以方便地生成很复杂的布局表格，因此非常有用。

然而CSS布局方式出现以后，情况又有所变化了，软件给设计提供的辅助支持能力实际上大大降低了。尽管软件中有CSS设置的面板，可以在里面选择并输入CSS的属性值，但如果用户并不是真正理解这些属性的含义和作用，这些面板的作用也不大。另外，如果用户已经深入地理解了这些属性的原理，就会发现用那些属性面板来设置CSS属性，效率并不高，还不如直接输入代码方便快捷。这和表格布局很不一样，因为一个复杂的布局表格，要计算出表格HTML代码是很费时间的，而软件可以生成非常精确的代码，所以软件的作用就很大，但是CSS完全不是这样的。

正确看待软件的作用

那么这些软件就完全没有用处了吗？当然不是，它还有两个主要的作用。第一个是在输入代码时的代码提示功能和错误提示功能。也就是说，当用户输入一个属性的名称的第一个字母时，软件就会列出可能的属性，这样选择一个属性名即可。这样一来可以避免拼写错误，二来可以提高效率。此外还可以对拼写错误给出提示，这都是很有用的功能。第二个是尽管预览视图中的效果和实际浏览器中的效果有一定的差距，但还是有些提示作用的。

因此对待可视化的软件，不能过于依赖，关键还是要自己把CSS彻底搞明白，然后根据自己的习惯，再来利用软件提高工作效率。

1.5.3 善于使用代码视图的功能

实际上Dreamweaver和Expression Web软件的功能不仅仅体现在可视化的操作上，在代码视图上对用户的帮助也是很大的。

例如，以下是在Expression Web中和Dreamweaver中的功能。

1. 代码染色

代码视图支持代码染色。可以看到，根据代码中每个单词的不同成分，软件以不同的颜色显示它们，如图1.27所示。这样就可以帮助用户在繁多的代码中辨识需要寻找的位置。

```
296  #footer .p1{
297      line-height:29px;
298  }
299
300  </style>
301  </head>
302  <body>
303      <div id="header">
304          <h1><span>CSS Bookstore</span></h1>
305          <div class="decoration-1"></div>
306          <div class="decoration-2"></div>
```

图 1.27　代码染色

2. 快速选择代码

一个页面可能会很长，几百甚至几千行，这时如果需要找到某一个特定功能位置，就很麻烦。一个方便的方法是利用代码上端的"快速标记选择器"进行选择，如图1.28所示。

```
home-add-more.htm    home.htm*
<body><div#content><div#mainContent><div.recommendatio...><h3>
323      <div class="recommendation img-left">
324          <h2>本周推荐</h2>
325          <a href="#"><img src="book1.png"/></a>
326          <h3>CSS设计彻底研究——核心原理、技巧与设计实战</h3>
327          <p>本书是一本深入研究和揭示CSS设计技术的书籍,本书在透彻地讲解CSS核心技术的基础
328          <p>本书详细介绍了CSS核心基础、盒子模型等知识,力求把道理和方法讲清楚,采用"探
```

图 1.28　快速标记选择器

当在设计视图中（代码视图）单击鼠标，就可以选中某个对象，这时在"快速标记选择器"栏中，将会根据嵌套关系，逐级列出从body元素一直到选中的元素的HTML标记。通过这个功能，可以方便选中需要的元素和代码。

3. 代码提示（智能感知）

在代码视图中，在需要输入属性名称的地方，会自动出现一个下拉框，列出属性名称。这时列出的属性是按字母顺序排列的，可以使用键盘的上下键选择。如果要选择比较靠后的属性，则可以先输入一个属性的第一个字母，如"color"的第一个字母是"c"，这时下拉框中就会跳到字母"c"开头的属性了，如图1.29所示。选中需要的属性以后，按回车键，这个属性就输入代码中了。这样既可以避免拼写错误，又可以提高输入的效率，是非常方便的功能。

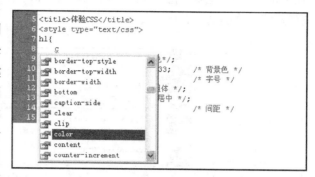

图 1.29　代码提示

不但如此，在输入一个属性名称以后，输入冒号，如果属性值是颜色，那么就会出现可供选择的颜色名称列表。如果希望自定义颜色，选择最上面的"选取颜色"项，就会出现颜色选择面板，如图1.30所示。类似的，如果需要输入文件地址，就会出现选择对话框，这对于输入代码非常有用。

图 1.30　颜色选择

而且，如果一个属性的属性值需要输入多个参数，在输入时除了提供备选值之外，还会给出参数含义的提示，如图1.31所示。这样也给设计师提供了很好的备忘录。

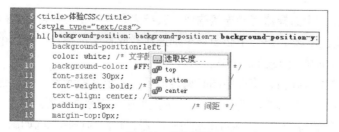

图 1.31　参数提示

4. 错误提示

即使采用上面的措施都没有避免输入了错误的属性名称或属性值，软件还会给出提示。例如，如果把"color"属性名输入为"colorr"，那么在它的下面会出现红色波浪线。如果希望知道错误的原因，只要把鼠标指针放到单词上面，软件就会给出错误原因的提示，如图1.32所示。如果把属性值"bold"输入为"boold"，也会出现提示。因此只要在代码中看到有错误提示的地方，都应该改正。

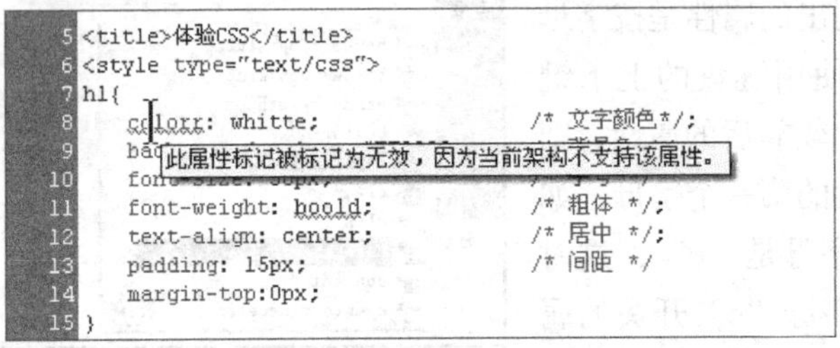

```
5  <title>体验CSS</title>
6  <style type="text/css">
7  h1{
8      colorr: whitte;                          /* 文字颜色*/;
       ba  此属性标记被标记为无效，因为当前架构不支持该属性。
10      font-size: 30px;
11      font-weight: boold;                      /* 粗体 */;
12      text-align: center;                      /* 居中 */;
13      padding: 15px;                           /* 间距 */
14      margin-top:0px;
15  }
```

图1.32　错误提示

因此如果用户可以非常熟练地使用代码视图的辅助功能，就可以大大提高编写的效率。

1.6 CSS 的复合选择器

前面我们介绍了CSS的基本概念，也实际动手体验了CSS设置网页样式的基本方法，希望读者能够逐渐深刻地理解CSS的核心思想，也就是尽可能地使网页内容与形式分离。在本节中，将深入地介绍CSS的相关概念，以及3种由基本选择器复合构成的选择器，1.7节再介绍CSS的两个重要特性。

1.2节介绍了3种基本选择器，以这3种基本选择器为基础，通过组合，还可以产生更多种类的选择器，实现更强、更方便的选择功能。复合选择器就是两个或多个基本选择器通过不同的组合方式构成的。

1.6.1 交集选择器

交集选择器由两个选择器直接连接构成，其结果是选中二者各自元素范围的交集。其中第一个必须是标记选择器，第二个必须是类别选择器或者ID选择器。这两个选择器之间不能有空格，必须连续书写，形式如图1.33所示。

这种方式构成的选择器，将选中同时满足前后二者定义的元素，也就是前者所定义的标记类型，并且指定了后者的类别或者id元素，因此被称为交集选择器。

例如，声明了p、.special、p.special这3种选择器，它们的选择范围如图1.34所示。

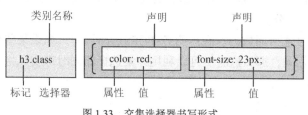

图 1.33　交集选择器书写形式

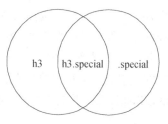

图 1.34　交集选择器示意图

下面举一个实例。

```
<!DOCTYPE html PUBLIC "-//W3C//DTD XHTML 1.0 Transitional//EN"
    "http://www.w3.org/TR/xhtml1/DTD/xhtml1-transitional.dtd">
<html xmlns="http://www.w3.org/1999/xhtml">
<head>
<title> 选择器 .class</title>
<style type="text/css">
p{                        /* 标记选择器 */
    color:blue;
}
p.special{                /* 标记 . 类别选择器 */
    color:red;            /* 红色 */
}
.special{                 /* 类别选择器 */
    color:green;
}
</style>
</head>
<body>
    <p> 普通段落文本 （蓝色） </p>
    <h3> 普通标题文本 （黑色） </h3>
    <p class="special"> 指定了 .special 类别的段落文本 （红色） </p>
    <h3 class="special"> 指定了 .special 类别的标题文本 （绿色） </h3>
</body>
</html>
```

上面的代码中定义了<p>标记的样式，也定义了".special"类别的样式。此外还单独定义了 p.special，用于特殊的控制，而在这个 p.special 中定义的风格样式仅仅适用于<p class="special">标记，不会影响使用了.special 的其他标记，显示效果如图1.35所示。

图 1.35　交集选择器示例

1.6.2　并集选择器

与交集选择器相对应，还有一种并集选择器，或者称为"集体声明"。它的结果是同时选中各个基本选择器所选择的范围。任何形式的选择器（包括标记选择器、类别选择器、ID选择器等）都可以作为并集选择器的一部分。

　　并集选择器是多个选择器通过逗号连接而成的。在声明各种CSS选择器时，如果某些选择器的风格是完全相同的，或者部分相同，那么这时便可以利用并集选择器同时声明风格相同的CSS选择器。其效果如图1.36所示。

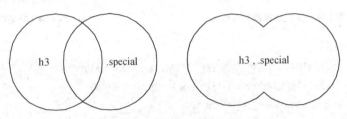

图 1.36　并集选择器示意图

　　下面举一个实例。

```
<html>
<head>
<title> 并集选择器 </title>
<style type="text/css">
h1, h2, h3, h4, h5, p{              /* 并集选择器 */
        color:purple;               /* 文字颜色 */
        font-size:15px;             /* 字体大小 */
}
h2.special, .special, #one{         /* 集体声明 */
        text-decoration:underline;  /* 下画线 */
}
</style>
</head>
<body>
        <h1> 示例文字 h1</h1>
        <h2 class="special"> 示例文字 h2</h2>
        <h3> 示例文字 h3</h3>
        <h4> 示例文字 h4</h4>
        <h5> 示例文字 h5</h5>
        <p> 示例文字 p1</p>
        <p class="special"> 示例文字 p2</p>
        <p id="one"> 示例文字 p3</p>
</body>
</html>
```

　　其显示效果如图1.37所示。可以看到所有行的颜色都是紫色，而且字体大小均为15px。这种集体声明的效果与单独声明的效果完全相同，h2.special、.special和#one的声明并不影响前一个集体声明，第2行和最后两行在紫色和大小为15px的前提下使用了下画线进行突出。

图 1.37　集体声明

另外，对于实际网站中的一些页面，如弹出的小对话框和上传附件的小窗口等，希望这些页面中所有的标记都使用同一种CSS样式，但又不希望逐个来声明的情况，就可以利用全局选择器 "*"，如下例所示。

```html
<html>
<head>
<title> 并集选择器 </title>
<style type="text/css">
*{                          /* 全局选择器 */
    color:purple;           /* 文字颜色 */
    font-size:15px;         /* 字体大小 */
}
h2.special, .special, #one{ /* 集体声明 */
    text-decoration:underline;  /* 下画线 */
}
</style>
</head>
<body>
    <h1> 全局声明 h1</h1>
    <h2 class="special"> 全局声明 h2</h2>
    <h3> 全局声明 h3</h3>
    <p> 全局声明 p1</p>
    <p class="special"> 全局声明 p2</p>
    <p id="one"> 全局声明 p3</p>
</body>
</html>
```

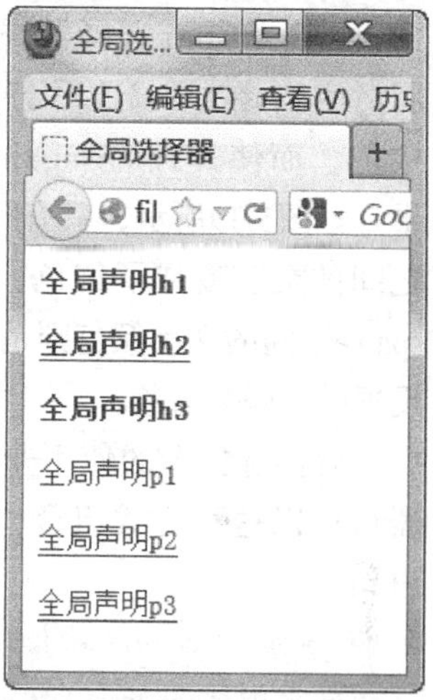

其效果如图1.38所示。与前面案例的效果完全相同，代码却大大缩减了。

图 1.38　全局声明

1.6.3 后代选择器

在CSS选择器中，还可以通过嵌套的方式，对特殊位置的HTML标记进行声明。例如，当<p>与</p>之间包含<span></span>标记时，就可以使用后代选择器进行相应的控制。后代选择器的写法就是把外层的标记写在前面，内层的标记写在后面，之间用空格隔开。当标记发生嵌套时，内层的标记就成为外层标记的后代。

例如，假设有下面的代码：

<p> 这是最外层的文字，<span> 这是中间层的文字，<b> 这是最内层的文字，</b></span></p>

最外层是<p>标记，里面嵌套了<span>标记，<span>标记中又嵌套了<b>标记，则称span是p的子元素，b是span的子元素。

下面举一个完整的例子，具体代码如下所示。

```html
<html>
<head>
<title> 后代选择器 </title>
<style type="text/css">
```

```
p span{                          /* 嵌套声明 */
    color:red;                   /* 颜色 */
}
span{
    color:blue;                  /* 颜色 */
}
</style>
</head>
<body>
    <p> 嵌套使用 <span>CSS （红色） </span> 标记的方法 </p>
    嵌套之外的 <span> 标记 （蓝色） </span> 不生效
</body>
</html>
```

通过将span选择器嵌套在p选择器中进行声明，使显示效果只适用于`<p>`和`</p>`之间的`<span>`标记，而使其外的`<span>`标记并不产生任何效果。如图1.39所示，只有第1行中`<span>`和`</span>`之间的文字变成了红色，而第2行中`<span>`和`</span>`之间的文字颜色则是按照第2条CSS样式规则设置的，即为蓝色。

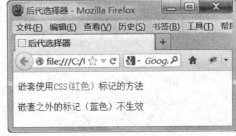

图 1.39　后代选择器

后代选择器的使用非常广泛，不仅标记选择器可以以这种方式组合，类别选择器和ID选择器也都可以进行嵌套。下面是一些典型的语句。

```
.special i{ color: red; }             /* 使用了属性 special 的标记里面包含的 <i> */
#one li{ padding-left:5px; }          /* ID 为 one 的标记里面包含的 <li> */
td.out .inside strong{ font-size: 16px; }   /* 多层嵌套，同样实用 */
```

上面的第3行使用了3层嵌套，实际上更多层的嵌套在语法上都是允许的。上面的这个3层嵌套表示的就是使用了.out类别的`<td>`标记中包含的.inside类别的标记，其中又包含了`<strong>`标记，一种可能的相对应的HTML为

```
<td class="out">
    <p class="inside">
        其他内容 <strong>CSS 控制的部分 </strong> 其他内容
    </p>
</td>
```

经验

选择器的嵌套在CSS的编写中可以大大减少对class和id的声明。因此在构建页面HTML框架时通常只给外层标记（父标记）定义class或者id，内层标记（子标记）能通过嵌套表示的则利用嵌套的方式，而不需要再定义新的class或者专用id。只有当子标记无法利用此规则时，才单独进行声明。例如一个`<ul>`标记中包含多个`<li>`标记，而需要对其中某个`<li>`单独设置CSS样式时才赋予该`<li>`一个单独id或者类别，而其他`<li>`同样采用"ul li{…}"的嵌套方式来设置。

需要注意的是，后代选择器产生的影响不仅限于元素的"直接后代"，还会影响到它的"各级后代"。例如，有如下的HTML结构：

```
<p> 这是最外层的文字，  <span> 这是中间层的文字，  <b> 这是最内层的文字，  </b></span></p>
```

如果设置了如下CSS样式：

```
p span{
    color:blue;
}
```

那么"这是最外层的文字"这几个字将以黑色显示，即没有设置样式的颜色。后面的"这是中间层的文字"和"这是最内层的文字"都属于它的后代，因此都会变成蓝色。

因此在CSS 2中，规范的制定者还规定了一种复合选择器，称为"子选择器"，也就是只对直接后代有影响，而对"孙子"以及多个层的后代不产生作用的选择器。

子选择器和后代选择器的语法区别是：使用大于号连接。例如，将上面的CSS设置为

```
p>span{
    color:blue;
}
```

则结果是仅有"这是中间层的文字"这几个字变为蓝色，因为span是p的直接后代（或者叫作"儿子"），b是p的"孙子"，不在选中的范围内。

而IE 6中，不支持子选择器，仅支持后代选择器；IE 7和Firefox都既支持后代选择器，也支持子选择器。

1.7 CSS 的继承特性

在本节中，对后代选择器的应用再进一步做一些讲解，因为它将会贯穿在所有的设计中。

学习过面向对象语言的读者，对于继承（Inheritance）的概念一定不会陌生。在CSS语言中的继承并没有像在C++和Java等语言中的那么复杂，简单地说就是将各个HTML标记看作一个个容器，其中被包含的小容器会继承包含它的大容器的风格样式。本节从页面各个标记的父子关系出发，来详细地讲解CSS的继承特性。

1.7.1 继承关系

所有的CSS语句都是基于各个标记之间的继承关系的，为了更好地理解继承关系，我们首先从HTML文件的组织结构入手，如下例所示。

```
<html>
<head>
    <title> 继承关系演示 </title>
</head>
```

```
<body>
    <h1> 前沿 <em>Web 开发 </em> 教室 </h1>
    <ul>
        <li>Web 设计与开发需要使用以下技术：
        <ul>
            <li>HTML</li>
            <li>CSS
            <ul>
                <li> 选择器 </li>
                <li> 盒子模型 </li>
                <li> 浮动与定位 </li>
            </ul>
            </li>
            <li>Javascript</li>
        </ul>
        </li>
        <li> 此外， 还需要掌握：
        <ol>
            <li>Flash</li>
            <li>Dreamweaver</li>
            <li>Photoshop</li>
        </ol>
        </li>
    </ul>
    <p> 如果您有任何问题， 欢迎联系我们 </p>
</body>
</html>
```

相应的页面效果如图1.40所示。

可以看到，这个页面中标题中间部分的文字使用了<em>（强调）标记，它在浏览器中显示为斜体。后面使用了列表结构，其中最深的部分使用了3级列表。

这里着重从"继承"的角度来考虑各个标记之间的"树"形关系，如图1.41所示。在这个树形关系中，处于最上端的<html>标记被称为"根（root）"，它是所有标记的源头，往下层层包含。在每一个分支中，称上层标记为其下层标记的"父"标记，相应的，下层标记称为上层标记的"子"标记。例如<h1>标记是<body>标记的子标记，同时它也是<em>的父标记。

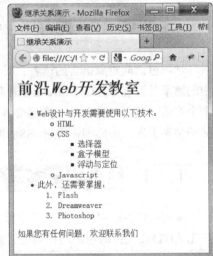

图 1.40　继承关系的页面效果

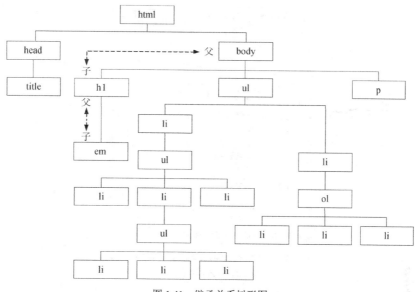

图 1.41　继承关系树形图

1.7.2　CSS 继承的运用

通过前面的讲解，我们已经对各个标记间的父子关系有了认识，下面进一步了解CSS继承的运用。CSS继承指的是子标记会继承父标记的所有样式风格，并可以在父标记样式风格的基础上加以修改，产生新的样式，而子标记的样式风格完全不会影响父标记。

例如在前面的案例中加入如下CSS代码，即将<h1>标记设置为蓝色，加上下画线，并将<em>标记设置为红色。

```
<style>
h1{
    color:blue;                    /* 颜色 */
    text-decoration:underline;     /* 下画线 */
    }
em{
    color:red;                     /* 颜色 */
    }
</style>
```

显示效果如图1.42所示。可以看到其子标记<em>也显示出下画线，说明父标记的设置也对子标记产生作用，而<em>文字显示为红色，<h1>标题中其他文字仍为蓝色，说明子标记的设置不会对其父标记产生作用。

CSS的继承贯穿整个CSS设计的始终，每个标记都遵循着CSS继承的概念。可以利用这种巧妙的继承关系，大大缩减代码的编写量，并提高其可读性，尤其是在页面内容很多且关系复杂的情况下。

例如，现在如果要嵌套最深的第3级列表的文字显示为粗体，那么增加如下样式设置。

```
li{
    font-weight:bold;
}
```

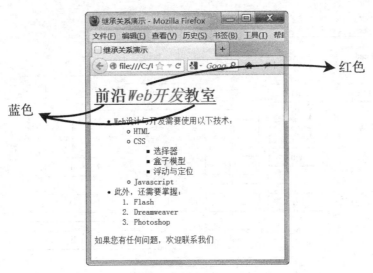

图 1.42　父子关系示例

效果并不是第3级列表文字显示为粗体，而是如图1.43所示，所有列表项目的文字都变成了粗体。那么要仅使"CSS"项下最深的3个项目显示为粗体，其他项目仍显示为正常粗细，该怎么设置呢？

一种方法是设置单独的类别，比如定义一个".bold"类别，然后将该类别赋予需要变为粗体的项目，但是这样设置显然很麻烦。

另一种方法是利用继承的特性，使用前面介绍的后代选择器，这样不需要设置新的类别即可完成同样的任务。例如如下代码，效果如图1.44所示。

图 1.43　各级列表文字均变成粗体

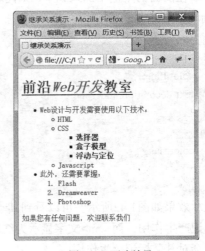

图 1.44　正确效果

```
li ul li ul li{
    color:green ;
    font-weight:bold;
}
```

可以看到只有第3层的列表项目显示为粗体。实际上，对上面的选择器还可以化简，例如：

```
li li li{
    color:green ;
    font-weight:bold;
}
```

效果也是完全相同的。

下面为了帮助读者进一步理解继承的特性，请读者思考以下问题。

（1）刚才演示了设置一个li的选择器效果和设置3个选择器的效果，那么如果设置为如下代码，效果将如何？

```
li li {
    font-weight:bold;
}
```

（2）如果设置为如下代码，效果将如何？

```
ul li {
    font-weight:bold;
}
```

（3）如果设置为如下代码，效果将如何？

```
ul ul li {
    font-weight:bold;
}
```

注意　　请读者注意，并不是所有属性都会自动传给子元素，例如上面列举的文字颜色color属性，子对象会继承父对象的文字颜色属性，但是也有的属性不会继承父元素的属性值。例如给某个元素设置了一个边框，它的子元素不会自动也加上一个边框，因为边框属性是非继承的。

1.8 CSS 的层叠特性

作为本章的最后一节，这里主要讲解CSS的层叠特性。CSS的全名叫作"层叠样式表"，读者有没有考虑过，这里的"层叠"是什么意思？为什么这个词如此重要，以至于要出现在它的名称里。

CSS的层叠特性确实很重要，但是要注意，千万不要和前面介绍的"继承"相混淆，二者有着本质的区别。实际上，可以简单地将层叠理解为"冲突"的解决方案。

例如下面一段代码：

```
<html>
<head>
<title> 层叠特性 </title>
```

```
<style type="text/css">
p{
    color:green;
    }
.red{
    color:red;
    }
.purple{
    color:purple;
    }
#line3{
    color:blue;
    }
</style>
</head>
<body>
    <p > 这是第 1 行文本 </p>
    <p class="red"> 这是第 2 行文本 </p>
    <p id="line3" class="red"> 这是第 3 行文本 </p>
    <p style="color:orange;" id="line3"> 这是第 4 行文本 </p>
    <p class="purple red"> 这是第 5 行文本 </p>
</body>
</html>
```

代码中一共有5组<p>标记定义的文本，并在<head>部分声明了4个选择器，声明为不同颜色。下面的任务是确定每一行文本的颜色。

● 第1行文本没有使用类别样式和ID样式，因此这行文本显示为标记选择器<p>中定义的绿色。

● 第2行文本使用了类别样式，因此这时已经产生了"冲突"。那么，是按照标记选择器<p>中定义的绿色显示，还是按照类别选择器中定义的红色显示呢？答案是类别选择器的优先级高于标记选择器，因此显示为类别选择器中定义的红色。

● 第3行文本同时使用了类别样式和ID样式，这又产生了"冲突"。那么，是按照类别选择器中定义的红色显示，还是按照ID选择器中定义的蓝色显示呢？答案是ID选择器的优先级高于类别选择器，因此显示为ID选择器中定义的蓝色。

● 第4行文本同时使用了行内样式和ID样式，那么这时又以哪一个为准呢？答案是行内样式的优先级高于ID样式，因此显示为行内样式定义的橙色。

● 第5行文本中，使用了两个类别样式，应以哪个为准呢？答案是两个类别选择器的优先级相同，此时比较的不是在HTML中的前后关系，而是在CSS定义部分的前后关系，".purple"定义在".red"的后面，因此显示为".purple"中定义的紫色。

综上所述，上面这段代码的显示如图1.45所示。

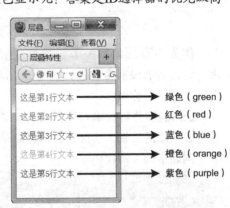

图1.45 层叠特性示意图

总 结

优先级规则可以表述为：

行内样式 > ID 样式 > 类别样式 > 标记样式

在复杂的页面中，某一个元素有可能会从很多地方获得样式。例如一个网站的某一级标题整体设置为绿色，而某个特殊栏目需要使用蓝色，这样在该栏目中就需要覆盖通用的样式设置。在很简单的页面中，这样的特殊需求实现起来不会很难，但是如果网站的结构很复杂，就完全有可能使代码变得非常混乱，进而出现无法找到某一个元素的样式来自于哪条规则的情况。因此，必须要充分理解CSS中"层叠"的原理。

注 意

计算冲突样式的优先级是一个比较复杂的过程，并不仅仅是上面这个简单的优先级规则可以完全描述的。但是读者可以把握一个大的原则，就是"越特殊的样式，优先级越高"。

例如，行内样式仅对指定的一个元素产生影响，因此它非常特殊；使用了类别的某种元素，一定是所有该种元素中的一部分，因此它也一定比标记样式特殊；以此类推，ID是针对某一个元素的，因此它一定比应用于多个元素的类别样式特殊。所以，特殊性越高的元素，优先级就越高。

最后再次提醒读者，千万不要混淆了继承与层叠，二者完全不同。

1.9 本章小结

本章重点介绍了4个方面的问题。先介绍了HTML和XHTML的发展历程以及需要注意的问题，然后介绍了如何将CSS引入HTML，接着讲解了CSS的各种选择器及其各自的使用方法，最后重点说明了CSS的继承与层叠特性以及它们的作用。作为CSS设计的核心基础，请读者务必真正搞懂这些最基础和核心的基本原理。

本章通过一个简单的实例，让读者体验了CSS的设置方法。从中可以看出，基本的方法就是要通过选择器确定对哪个或哪些对象进行设置，然后通过对各种CSS属性进行适当的设置，实现对页面样式的全面控制。在实例中，用到的许多样式前面都还没有介绍，从下一章开始，将逐渐讲解它们的含义和用法。

第2章

摄影师个人网站布局

　　在本章中，我们将从零开始，分析、策划、设计并制作一个完整的案例。这个案例是为一位独立摄影师（或工作室）制作一个网站首页。这个页面本身的结构并不复杂，但是希望读者通过对这个案例的学习，可以了解CSS的几项核心原理和方法，包括定位方法等，特别需要掌握的是"盒子模型"、"标准文档流"、"绝对定位"和"相对定位"这几个核心原理。

课堂学习目标

- 了解CSS的核心原理
- 掌握盒子模型
- 理解标准文档流
- 认识CSS的定位属性
- 掌握绝对定位和相对定位的方法

2.1 案例描述

完成后的网页效果如图2.1所示。

图 2.1　完成后的网页效果

这是为一位摄影师设计的个人网站首页。随着互联网的发展，越来越多的人依靠互联网来寻找商业机会，而商业摄影师、美术设计师等适合于依靠个人才智与能力的人士往往是其中比较成功的。商业摄影师创建一个高质量的网站，将会给自己带来很多潜在机会和客户。

下面，就来具体分析和介绍这个案例完整的开发过程。

> **说 明**　　这是本书的第一个案例，它从技术角度分析相对比较简单，但是希望读者通过这个案例的演示，不但能了解一些技术细节，而且能掌握一套遵从Web标准的网页设计流程。

为了使读者先有一个宏观的了解，这里先介绍这个案例的工作流程，其大致包括如图2.2所示的7个步骤。在每一个步骤下面，列出的是该步骤可以（或者可能要）用到的工具。

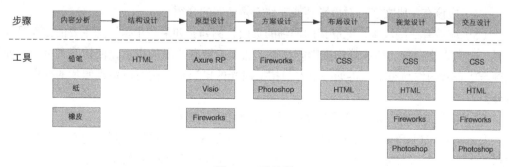

图 2.2　工作流程

2.2 内容分析

　　首先需要读者明确一个问题，设计制作一个网站的第一步是什么？是在Photoshop或者Fireworks等美工软件中绘制页面的效果吗？

　　答案是：先想清楚这个网站的内容是什么；通过一个网页要传达给访问者什么信息；这些信息中哪些是最重要的，哪些是相对比较重要的，以及哪些是次要的；应该如何组织这些信息。

　　也就是说，设计网页的第一步，不是设计这个页面的样子，而是设计这个网页的内容。现在以这个摄影师个人网站的首页为例进行说明。

　　对于这个摄影师的网站来说，毫无疑问，展示作品是其最重要的目的。此外，它还应该有清晰的联络方式，以便有兴趣的人与摄影师取得联系。当然，由于一个摄影师的价值不是由他的照片数量而是由他拍得最好的几张照片决定的，因此显然这类网站的页面都不会很多，通常摄影师只会把自己具有代表性的作品展示出来。

　　因此，这类网站的结构和内容都会较简单，在本书后面我们还会介绍门户网站的设计案例，读者就会进一步体会到其中的差异了。它们之间的本质区别在于，本案例只需要展示少量最好的，而门户网站的目的则是展示尽可能丰富的信息。大家思考一下，为什么我们都喜欢上新浪网浏览新闻呢？正是因为它的内容丰富，显然这与本案例的性质有很大的不同。

> **注意**　这里指出一个重要的定理："内容决定网页的形式"。

　　下面思考一下，这个页面中应该有哪些内容？

　　（1）应该保证网页上有摄影师的姓名或者工作室的名称。

　　（2）应该有一句简单有力的宣传语，比如2008年奥运会的宣传口号是"同一个世界，同一个梦想"；知名企业也都有自己非常知名的口号，比如耐克的口号是"Just do it"等。

　　（3）放置少量作品，因为这是展现摄影师摄影水平的网站，所以应该有少量的作品，以突出这个网站的内容。

　　（4）应该有一段文字，对摄影师或工作室做简明的介绍。

　　（5）应该有一些链接，能够指向详细的页面，例如，如果一个摄影师主要的工作是风光摄影、时尚人物摄影、商业静物摄影等几类，那么应该有清晰的指示，使访问者可以方便地找到希望查看的作品类型。再如一个专门拍摄风光的摄影师，则可以根据照片的拍摄地点进行分类。

　　（6）应该有清晰的联络方式，如电话、传真和电子邮箱等。

　　下面是3个商业摄影师的网站范例，如图2.3～图2.5所示。可以看到，他们的网站尽管表现形式各不相同，但是结构类似，都比较简单，与前面分析的内容差别不大。

图 2.3　http://redsquarephoto.com/

图 2.4　http://www.blaincrellin.com/

图 2.5　http://www.p2photography.net/

2.3 HTML 结构设计

在理解了网站的基础上，我们开始构建网站的内容结构。现在不要管CSS，而是完全从网页的内容出发，根据上节列出的要点，通过HTML搭建出网页上要表现的内容结构。

图2.6所示为在没有使用任何CSS设置的情况下搭建的HTML使用浏览器观察的效果。在图中，左侧使用线条表示了各个项目的构成，实际上图中显示的就是前面的图在不使用任何CSS样式时的表现。

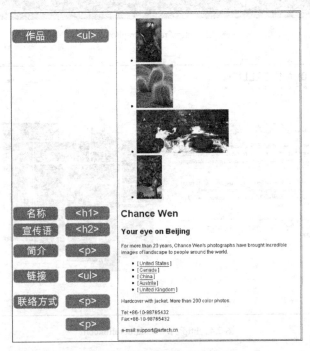

图 2.6　基本的 HTML 结构

对应的HTML代码如下所示，或打开本书光盘01/default-html.htm查看代码。

```
<body>
    <ul>
        <li><img src="photo-1.jpg"/></li>
        <li><img src="photo-2.jpg"/></li>
        <li><img src="photo-3.jpg"/></li>
        <li><img src="photo-4.jpg"/></li>
    </ul>
    <h1>Chance Wen</h1>
    <h2>your eye on the world</h2>
    <p>For more than 20 years, Chance Wen's photographs have brought incredible images of
    landscape to people around the world.</p>
```

```
<ul>
    <li>[ <a href="#">United States</a> ]</li>
    <li>[ <a href="#">Canada</a> ]</li>
    <li>[ <a href="#">China</a> ]</li>
    <li>[ <a href="#">Austrila</a> ]</li>
    <li>[ <a href="#">United Kingdom</a> ]</li>
</ul>
<p>Hardcover with jacket. More than 200 color photos.</p>
<p>Tel:+86-10-98765432<br />
Fax:+86-10-98765432</p>
<p>e-mail:support@artech.cn</p>
</body>
```

可以看到，这些代码非常简单，使用的都是最基本的HTML标记，除<body>之外，包括<h1>、<h2>、<p>、<ul>、<li>、<a>、<img>这7个标记。这些标记都是具有一定含义的HTML标记。例如，<h1>表示这是1级标题，对于一个网页来说，这是最重要的内容，而在下面具体某一项内容（比如"今日推荐"）中，标题则用<h2>标记，表示次一级的标题。实际上，这很类似于我们在Word软件中写文档，可以把文章的不同内容设置为不同的样式，如"标题1"、"标题2"等。

而在代码中没有出现任何<div>标记。因为<div>是不具有语义的标记，所以在最初搭建HTML的时候，我们要考虑语义相关的内容，<div>这样的标记还远没到出场的时候。

此外，<ul>列表在代码中出现了多次，当有若干个项目并列时，<ul>是一个很好的选择。如果读者仔细研究一些做得很好的网页，都会发现很多<ul>标记，它可以使页面的逻辑关系非常清晰。

> **注 意**　　任何一个页面，都应该尽可能保证在不使用CSS的情况下，依然保持良好的结构和可读性。这不仅仅对访问者很有帮助，而且有助于您的网站被Google、百度这样的搜索引擎了解和收录，这对于提升网站访问量是至关重要的。

请读者仔细读一遍上面的代码，了解这个网页的基本结构。接下来我们就要考虑如何把它们合理地放置在页面上了。

2.4 原型设计

在设计任何一个网页之前，都应该先有一个构思的过程，对网站的完整功能和内容做一个全面的分析。如果有条件，特别是对于比较复杂的网站，应该制作出线框图，这个过程在专业上称为"原型设计"。图2.7所示为一个比较复杂的网站原型线框图。

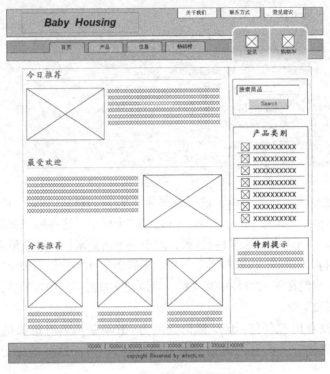

图 2.7　网站原型线框图示例

注意

如果是为客户设计的网页，那么使用原型线框图与客户交流沟通是最合适的方式，它既可以清晰地表明设计思路，又不用花费大量的绘制时间。因为原型设计阶段，往往要经过反复修改。如果每次都使用完成以后的设计图交流，则反复修改需要大量的时间和工作量，而且在设计的开始阶段，往往交流沟通的中心并不是设计的细节，而是功能、结构等策略性问题，所以使用这种线框图是非常合适的。

而本案例的内容很少，因此设计图也就简单多了。在具体制作页面之前，我们可以先设计一个如图2.8所示的网页原型。

在原型线框图中，用黑色的线框绘制即可，图像可以用一个带有交叉线的矩形代表，文字用"×"表示即可，这一步的核心任务就是设计出各个部分在网页中的位置。只要做到清晰地表达页面的布局和结构就可以，而不需要做得过于精细，导致浪费宝贵的工作时间。

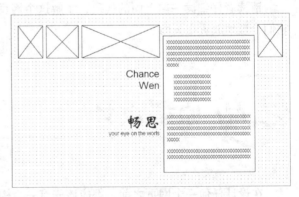

图 2.8　为本案例设计的原型线框图

2.5 页面方案设计

接下来的任务就是根据原型线框图，在Photoshop或者Fireworks软件中设计真正的页面方案了。具体使用哪种软件，可以根据个人的习惯来决定。对于网页设计来说，推荐使用Fireworks，因为它有更方便的矢量绘制功能。图2.9所示的就是在Fireworks中设计的页面方案。

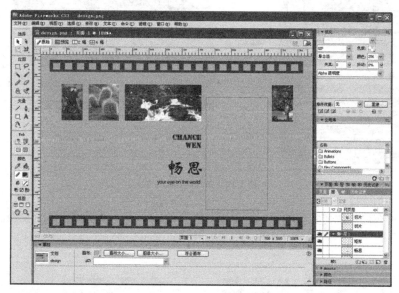

图 2.9　在 Fireworks 中设计的页面方案

由于篇幅限制，关于如何使用Fireworks绘制完整的页面方案，本书就不再详细介绍。如果读者对美工软件还不熟悉，希望更深入学习，可以参考相关图书。

这一步设计的核心任务是美术设计，通俗地说，就是要让页面更美观、更漂亮。在一些规模比较大的项目中，通常都会有专业的美工参与，即这一步就是美工的任务。而对于一些小规模的项目，可能往往没有很明确的分工，一人身兼数职。美术的素养不像很多技术可以在短期内提高，往往都需要比较长时间的学习和熏陶，才能到达一个比较高的水准，因此，这需要不断地学习和提高。

本案例设计好之后的源文件在光盘中，读者可以用Fireworks软件打开，并进行编辑和修改。

2.6 布局设计

网页设计包括布局设计和视觉设计两步。前者的含义是先对网页进行布局，将各部分内容放到适当的位置；后者的含义是针对各个部分的细节再进行深入细致的设定。对于比较复杂的页面，这样分两步的方法通常是必要的。而本案例由于内容比较简单，我们就一步完成了。

本节中要完成的任务是把各种元素放到适当的位置。在图2.10中，针对同一个部分，将原始页面中的位置和在完成后页面中的位置进行了对比。可以看到，原来自上而下的排列方式变为右图中我们希望的布局方式。

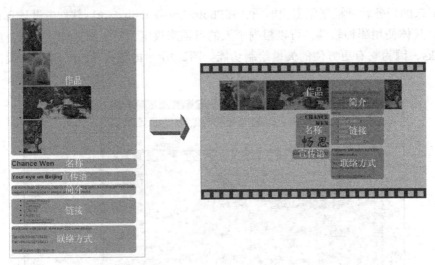

图 2.10 布局的目标分析

那么这种布局是如何实现的呢？下面就从零开始，一步一步制作出这个页面。

2.7 CSS 技术准备——盒子模型

盒子模型是CSS控制页面时一个很重要的概念。只有很好地掌握了盒子模型以及其中每个元素的用法，才能真正地控制好页面中的各个元素。本节主要介绍盒子模型的基本概念，并讲解CSS定位的基本方法。

所有页面中的元素都可以看成是一个盒子，它占据着一定的页面空间。一般来说，这些被占据的空间往往都要比单纯的内容大。换句话说，可以通过调整盒子的边框、距离等参数，来调节盒子的位置和大小。

一个页面由很多这样的盒子组成，这些盒子之间会互相影响。因此，掌握盒子模型需要从两方面来理解：一是理解一个孤立的盒子的内部结构；二是理解多个盒子之间的相互关系。

在具体学习盒子模型之前，先来看一个例子。假设墙上整齐地排列着4幅画，如图2.11所示，对于每幅画来说，都有一个"边框"，在英文中称为"border"；

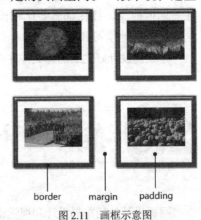

图 2.11 画框示意图

每个画框中，画和边框通常都会有一定的距离，这个距离称为"内边距"，在英文中称为"padding"；各幅画之间通常也不会紧贴着，它们之间的距离称为"外边距"，在英文中称为"margin"。

这种形式实际上存在于我们生活中的各个地方，如电视机、显示器、窗户等都是这样的。因此，padding-border-margin模型是一个极其通用的描述矩形对象布局形式的方法。这些矩形对象可以被统称为"盒子"，英文为"Box"。

理解了盒子之后，还需要理解"模型"这个概念。所谓模型就是对某种事物本质特性的抽象。

模型的种类很多，如物理上有"物理模型"，大科学家爱因斯坦提出了著名的$E=mc^2$公式，就是对物理学中质量和能量转换规律的本质特性进行抽象后的精确描述。这样一个看起来十分简单的公式，却深刻地改变了整个世界的面貌，这就是模型的重要价值。

同样，在网页布局中，为了能够对纷繁复杂的各个部分合理地进行组织，这个领域的一些有识之士对它的本质进行充分的研究后，总结出了一套完整的、行之有效的原则和规范，这就是"盒子模型"的由来。

在CSS中，一个独立的盒子模型由内容、padding（内边距）、border（边框）和margin（外边距）4个部分组成，如图2.12所示。

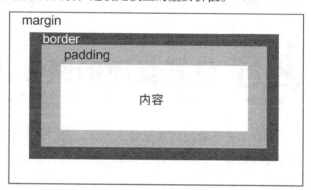

图2.12　盒子模型的基本构成

此外，对padding、border和margin都可以进一步细化为上下左右4个部分，在CSS中分别单独设置，如图2.13所示。

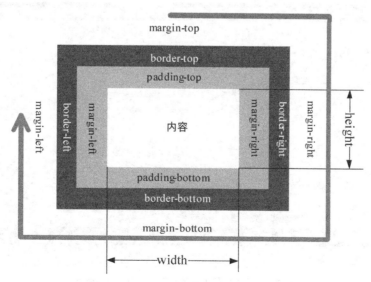

图2.13　盒子模型的细节

可以看到，与图2.12非常相似，盒子的概念是非常容易理解的。但是如果需要精确地排版，有的时候一个像素都不能差，这就需要非常精确地理解其中的计算方法。

一个盒子实际所占有的宽度（或高度）是由"内容"+"内边距"+"边框"+"外边距"组成的。在CSS中可以通过设定width和height的值来控制内容所占矩形的大小，并且对任何一个盒子，都可以分别设定4条边各自的border、padding和margin。因此只要利用好这些属性，就能够实现各种各样的排版效果。

> **注意**　　并不仅仅是用div定义的网页元素才是一个盒子，事实上所有的网页元素本质上都是以盒子的形式存在的。在人的眼中，一个网页上有各种内容，包括文本、图像等；而在浏览器看来，就是许多盒子排列在一起或者相互嵌套。

　　图2.13中有一个从上面开始顺时针旋转的箭头，它表示需要读者特别记住的原则，当使用CSS这些部分设置宽度时，是按照顺时针方向确定对应关系的，后续章节中会详细介绍。

2.8　设置页面的整体背景

　　理解了盒子模型的基本概念之后，我们就来实践一下。首先创建一个空白的网页，把它保存到硬盘上。对页面的背景进行设置，目的是为页面设置如图2.14所示的背景颜色和图像。

图 2.14　为页面设置背景颜色和图像之后的效果

　　一个页面的最终效果是HTML、CSS和背景图像共同配合实现的。其中HTML用来确定网页的内容，CSS确定如何显示这些内容，CSS中经常还需要一些图像的配合，如图2.15所示。

因此先来准备背景图像，前面已经在Fireworks中设计好效果，现在只把需要的部分进行切片，如图2.16左图所示。注意这里模拟了胶卷的齿孔效果，而我们只需要一个齿孔的部分就可以。得到的图像文件如图2.16右图所示。

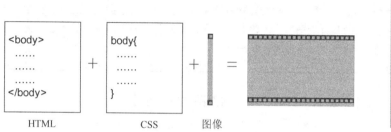

图 2.15　HTML、CSS 和图像构成最终的效果

图 2.16　在 Fireworks 中进行切片后产生所需的图像文件

接下来把这个图像文件和上面创建并保存的HTML文档放在同一个文件夹中，然后在网页代码中添加一些CSS规则。代码如下：

```
<!DOCTYPE html PUBLIC "-//W3C//DTD XHTML 1.0 Transitional//EN"
"http://www.w3.org/TR/xhtml1/DTD/xhtml1-transitional.dtd">
<html xmlns="http://www.w3.org/1999/xhtml">
<head>
<meta http-equiv="Content-Type" content="text/html; charset=gb2312" />
<title> 无标题文档 </title>
<style type="text/css">
body{
    margin:0;
    padding:0;
    background-color:#cc9;
    background-image:url('background.gif');
    background-repeat:repeat-x;
}
</style>
</head>
<body>
</body>
</html>
```

可以看到，这里的代码和前面的相比，增加了几行蓝色的代码。这里简单解释一下这几行代码，下面说的行号都是指蓝色部分代码的行数。

第1行：　通过<style>标记引入CSS代码，这是固定写法。

第2行：　使用body选择器，说明后括号里的设置都是针对body元素进行的。

第3行：　将margin（外边距）设置为0。

47

第4行：将padding（内边距）设置为0。

第5行：将body元素的背景颜色设置为#cc9，在CSS中，#cc9就是#cccc99的缩写形式。

第6行：将body元素的背景图像设置为"background.gif"文件，这里"background.gif"就是刚才切片生成的图像文件地址，如果它不在同一个文件中，则这里要带上正确的路径。

第7行：将背景图像的平铺方式设置为repeat-x，即水平平铺，这样就可以把一个齿孔的背景图像平铺满整个页面了。

> **注意**　在第5行和第6行中，同时为body元素设置了背景颜色和背景图像，这时在有背景图像的部分显示的是背景图像，而没有背景图像的部分则显示的是背景颜色，因此可以看到在背景图像下面显示的背景颜色。

这时保存文件，在浏览器中浏览这个页面，就是前面图中的效果了。

2.9 制作照片展示区域

接下来，设置页面上部的照片展示区域，首先在body中增加如下代码。

```
<body>
<div id="container">
    <ul id="profiles">
        <li><img src="photo-1.jpg"/></li>
        <li><img src="photo-2.jpg"/></li>
        <li><img src="photo-3.jpg"/></li>
        <li><img src="photo-4.jpg"/></li>
    </ul>
</body>
</body>
```

可以看到，在<body>中添加了一个<div>标记，div中使用了一个ul列表，每一个列表项目对应一张照片。

这里为什么加一个div呢？观察图中的最终效果，可以看到所有内容都是居中显示的。因此，我们在这里把元素都放到一个div中，通常把这种用于放置其他元素的div称为"容器"。

设置了HTML之后，就要设置样式了。请注意上面分别为div和ul设置了id，div的id为container，意思是"容器"，ul的id为profiles，意思是"作品"。

div#container的样式设置如下：

```
div#container{
    width:700px;
    margin:60px auto 0;
}
```

这里将这个容器div的宽度设置为700像素，然后设置了它的外边距，这里使用的3个属性值60px、auto和0表示上侧的外边距为60像素，左右外边距为自动，下侧外边距为0。左右自动的作用就是使它水平居中于浏览器窗口中。

注意

在实际使用CSS时，对于margin和padding，可以使用不同的方式分别对4条边框设置不同的属性值。

方法是对margin和padding属性给出1个、2个、3个或者4个属性值，它们的含义将有所区别，具体如下：

● 如果给出1个属性值，表示上下左右4个padding（或margin）数值都相同；

● 如果给出2个属性值，前者表示上下padding的数值，后者表示左右padding的数值；

● 如果给出3个属性值，前者表示上padding的数值，中间表示左右padding的数值，后者表示下padding的数值；

● 如果给出4个属性值，依次表示上、右、下、左padding的数值，即顺时针排序。

例如：

padding:1px;   /* 上下左右 padding 都是 1 像素宽 */
margin:1px 2px ;   /* 上下 margin 是 1 像素宽， 左右 margin 是 2 像素宽 */
padding:1px 2px 3px; /* 上 padding 是 1 像素宽， 左右 padding 是 2 像素宽，下 padding 是 3 像素宽 */
margin:1px 2px 3px 4px; /* 上、 右、 下、 左 margin 的宽度依次是 1 像素、2 像素、 3 像素和 4 像素宽 */

此外，可以单独设置某一侧的margin或padding宽度。例如左侧的magin属性为margin-left，下侧的padding属性为padding-bottom。

接下来设置ul#profiles的CSS样式。

```
ul#profiles{
    margin:0;
    padding:0;
    list-style-type:none;
}
```

这里将内外边距均设置为0，因为不同的浏览器对ul列表元素的边距有不同的默认值，所以这里将它们都统一为0； 否则将会在不同的浏览器中得到不同的显示效果。

然后通过设置list-style-type属性，去掉项目前面的圆点。

项目列表在默认情况下都是竖直排列的，而我们希望这几张照片水平排列，因此下面要把它们"拉平"。代码如下：

```
ul#profiles li{
    float:left;
    padding:4px;
}
```

设置为float:left的作用是使各个列表项能够向左浮动，从而使它们水平排列。这时的效果如图2.17所示。

图2.17　照片展示完成后的效果

> **注意**　浮动（float）属性是CSS中非常重要的布局方法，这里先使用一下，在下一章的案例中，我们再详细介绍浮动的用法。

2.10　设置网页标题的图像替换

接下来要放置标题的样式，在设计方案中，我们可以看到希望的效果如图2.18所示。

尽管这些都是文字，但是我们知道，浏览器中显示的文字字体需要依赖于访问者的计算机上是否安装了相应的字体文件。例如这里的汉字使用了"魏碑"体，那么如果访问者的计算机上没有安装这种字体，访问者看到的这两个字就不会是魏碑体了。另外，很多字体特别是中文字体，在浏览器中显示的效果大都不是很清晰。

图2.18　网页标题部分的效果

那么怎么办呢？可以使用图像来代替文本。例如下面代码：

```
<h1> Chance Wen</h1>
<h2>your eye on the world</h2>
```

定义了一级标题和二级标题，由于它们的位置在一起，因此我们可以用一张图片来代替这两行文本。图片从Fireworks中切片获得即可。

接着为这两行代码设置CSS样式。

```
#container h1{
background-image:url('logo.png');
background-repeat:no-repeat;
```

```
    width:137px;
    height:191px;
    }
```

这时的效果如图2.19所示。

图 2.19 为标题设置背景图像后的效果

可以看到，<h1>的下面出现了背景图像，而<h1>和<h2>的文字仍然存在，<h1>标题文字重叠在图像上面，因此需要把文字隐藏起来。为了把<h1>的文字隐藏而背景图像仍然保留，需要在<h1>中嵌入一对<span>标记。代码如下：

```
<h1><span>Chance Wen</span></h1>
<h2>your eye on the world</h2>
```

然后使<h1>里面的<span>和<h2>隐藏起来。

```
#container h1 span{
    display:none;
}

#container h2{
    display:none;
}
```

这里需要注意4点。

（1）通过使用display属性，可以使任何元素在页面上不显示。

（2）<h2>不需要显示了，因此直接把<h2>隐藏即可，而<h1>元素还需要用来显示背景图像，因此不能直接隐藏<h1>，而需要在<h1>中嵌入<span>，<span>的作用是设定一个范围。

（3）<div>标记和<span>标记的区别是：<div>称为"块级"元素，即它是一个"盒子"，会在页面中占有一个矩形的空间；而<span>标记称为"行内"元素，它不占有独立的空间，仅表示一个范围。

（4）上面的两条CSS样式也可以通过复合选择器合并为一条CSS样式，用逗号连接多个选择器，其效果和分别设置CSS样式相同。代码如下：

```
#container h1 span,
#container h2{
    display:none;
}
```

隐藏标题文字后的效果如图2.20所示。

图 2.20　隐藏标题文字后的效果

注意

这里需要深入思考一下，既然两个标题文字不需要显示在页面上，那么直接从HTML中删除不就可以了吗？何必在使用CSS时将不要显示的内容隐藏起来呢？

这可以从两个方面来考虑。

（1）如果直接从HTML中删除文字，而某个访问者的浏览器不支持CSS，就既无法看到图像，也无法看到文字，以至于无法得到正确的信息。

（2）如果不使用背景图像的方式，而是直接把图片文件用img标记嵌入到页面中，那么不支持CSS的浏览器也可以看到它。但是应该意识到，网页不仅仅会被访问者阅读，它实际上还有一大类访问者——搜索引擎，如Google、百度这样的搜索引擎每时每刻都在不停地搜索网页，然后根据网页上的内容编制索引。它们都只根据HTML的内容来确定网页的内容，因此让它们理解网页的内容可以有助于这个网页在搜索引擎上的排名。任何人做了网站都希望有更多人来访问，而有一个更好的搜索引擎排名，会大大提高访问量。

2.11　CSS 技术准备——定位

接下来就要将这个图像放到正确的位置了，这里需要介绍CSS中非常重要的一个概念，就是"定位"，只有充分理解它的含义和作用，才能够灵活地运用它来进行页面的布局。

2.11.1　理解标准文档流

在理解定位之前，需要理解另一个基础的重要概念——标准文档流（Normal Document Flow）。所谓标准文档流就是网页中的元素在没有使用特定的定位方式的情况下默认的布局方式。

在标准流中，如果没有指定宽度，盒子则会在水平方向自动伸展，直至顶到两端，各个盒子会在竖直方向依次排列。

例如以下HTML代码。

```
<body>
<h1> 这是标题 </h1>
<p> 这是一个文本段落， 这是一个文本段落， 这是一个文本段落， 这是一个文本段落， 这是
一个文本段落， 这是一个文本段落。 </p>
<ul>
<li> 这是第 1 个列表项目 </li>
<li> 这是第 2 个列表项目 </li>
<li> 这是第 3 个列表项目 </li>
</ul>
</body>
```

在浏览器中看到的效果如图2.21所示。为了说明各个盒子的情况，我们添加了相应的框线。

最外层的灰色边框是浏览器窗口的边界，h1、p、ul、li都是块级元素，都占有一个矩形空间，称为"盒子"。可以看到，它们都遵循上面介绍的规则，水平方向会自动伸展，竖直方向会依次排列。

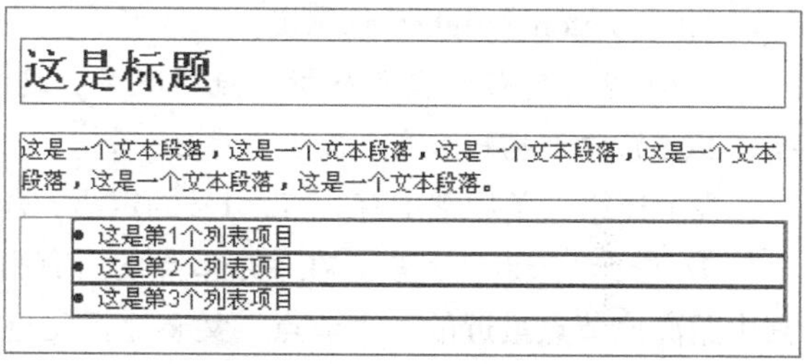

图 2.21 标准流中的盒子位置关系

> 注意
>
> 需要注意两个问题。
> p元素与h1元素之间，以及ul与p元素之间都是同级别的，称为"兄弟元素"，而li元素则是ul元素的"子元素"。
> p元素与h1元素之间，以及ul与p元素之间都存在一定距离，这个距离是由于margin（即"外边距"）产生的。

2.11.2 认识定位属性

理解了标准流方式，接下来就可以理解定位的方式了。在CSS中，定位是通过"position"属性实现的，它规定了4种定位方式，分别对应于一种position属性的值。这4种定位方式分别如下。

● static ： 这是默认的属性值，也就是该盒子按照标准流进行布局。

● absolute ： 绝对定位，盒子的位置以它的包含块为基准进行偏移。绝对定位的盒子从标准流中脱离。这意味着它们对其后的兄弟盒子的定位没有影响，其他的盒子就好像这个盒子不存在一样。

● relative ： 相对定位，使用相对定位的盒子的位置常以标准流的排版方式为基础，然后使盒子相对于它在原本的标准位置偏移指定的距离。相对定位的盒子仍在标准流中，它后面的盒子仍以标准流方式对待它。

● fixed ： 固定定位，它和绝对定位类似，只是以浏览器窗口为基准进行定位，也就是当拖动浏览器窗口的滚动条时，依然保持对象位置不变。

上面这些规则阅读起来似乎很难理解，因此本书会慢慢通过案例介绍给读者。首先需要

知道，上面的第1种方式即为默认的标准流方式，因此就不需要赘述了；第4种方式IE 6浏览器不支持，因此也不多介绍了。这样就只剩下两种方式，需要读者认真研究。本节中先来介绍"绝对定位"，下一节将介绍"相对定位"。

2.11.3　绝对定位

现在介绍absolute定位方式，即绝对定位。对于绝对定位的规则描述如下。

（1）使用绝对定位的盒子以它"最近"的一个"已经定位"的"祖先元素"为基准进行偏移。如果没有已经定位的祖先元素，那么会以body元素为基准进行定位。偏移的距离通过top、left、bottom和right属性确定。

（2）绝对定位的盒子从标准流中脱离，这意味着它们对其后的兄弟盒子的定位没有影响，其他的盒子就好像这个盒子不存在一样。

在上述第一条规则中有3个带引号的定语，需要进行解释。

① 关于"最近"元素。在一个节点的所有祖先节点中，找出所有"已经定位"的元素，其中距离该节点最近的一个节点。父亲比祖父近，祖父比曾祖父近。依次类推，"最近"的就是要找的定位基准。

② 关于"已经定位"元素。position属性被设置，并且被设置为不是static的任意一种方式，那么该元素就被定义为"已经定位"的元素。

③ 关于"祖先"元素。例如上面说的ul是li的父元素，li是ul的子元素，或者更广泛地，当元素存在嵌套关系时，就会产生元素的父子关系。从任意节点开始，向父亲方向一直走到根节点，经过的所有节点都是它的祖先。

下面举一个例子来说明。图2.22所示为在标准流下的情况，外层是一个蓝色div盒子，里面有3个依次排列的子div盒子。

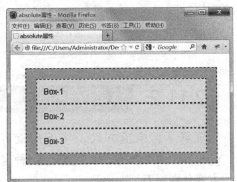

当中间的Box-2盒子设置为绝对定位以后，它就会脱离标准流了，下面的Box-3盒子会向上移动占据它原来的空间。这时，如果外层的div没有"定过位"，那么Box-2将会以body元素为基准进行定位，如图2.23左图所示；如果外层的div"定过位"，那么Box-2将会以外层的这个盒子为基准进行定位，如图2.23右图所示。

图 2.22　标准流中的盒子位置关系

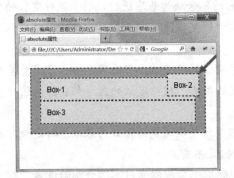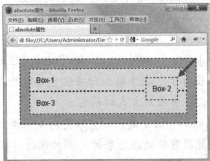

图 2.23　使用了绝对定位之后的效果

2.12 设置网页标题的位置

下面考虑一下，如果希望上面的h1元素使用绝对定位的方式移动到某个位置，应该如何设置。这就需要考虑两点。

（1）以什么元素为基准?

（2）偏移多少?

对于h1元素，它的父元素是div#container，再往上一级是body元素。div#container没有定过位，因此目前它的包含块是body元素。那么使用body元素作为定位基准是否可行呢? 答案是不行的，因为div#container在浏览器窗口中居中对齐，浏览器窗口的宽度是随时变化的，而如果以body元素为定位基准，它相对于div#container的位置就会变化。

因此，应该以div#container为定位基准，而为了使div#container成为定位基准，就必须把它变为"定过位"的元素。最常用的方法是将它的position属性设置为"relative"，这样对它本身没有任何影响，同时又可以使它成为它的下级元素的定位基准。

```
#container{
    margin:60px auto 0;
    width:700px;
    position:relative;
}
```

接下来就可以设置h1的定位方式了，把position属性设置为绝对定位，具体偏移的数值可以通过计算或试验获得。代码如下：

```
#container h1{
    background-image:url('logo.png');
    background-repeat:no-repeat;
    width:137px;
    height:191px;
    position:absolute;
    top:100px;
    left:270px;
}
```

注意蓝色的代码，top:100px的含义是h1这个盒子的上边缘到包含块（即div#container）的上边缘的距离为100像素。类似的，left:270px表示h1盒子的左边缘到包含块的左边缘的距离为270像素。或者可以直观地理解为从左上角向下移动100像素，向右移动270像素。

这时效果如图2.24所示。蓝色方框表示的是div#container的范围，红色方框表示的是h1的范围。

图 2.24　网页标题经过绝对定位后的位置

接下来我们再说明relative，即相对定位的作用和用法。

相对定位的原则是：

● 使用相对定位的盒子，会相对于它原本的位置，通过偏移指定的距离到达新的位置；

● 使用相对定位的盒子仍在标准流中，它对父块和兄弟盒子没有任何影响。

例如图2.25中，原本并列排列的3个盒子，如果对中间的盒子使用相对定位，并偏移一定的距离，它就会以自己原本的位置为基础，偏移一定的距离，覆盖它旁边的盒子，而其他的盒子，

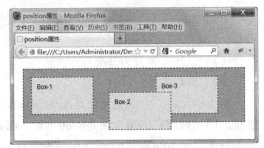

仍然"以为"它还在原来的位置。所以图2.25中Box-2原来的位置仍然保留，Box-3并没有挤过来。而绝对定位则相反，一旦盒子设置为绝对定位，就脱离标准流了。

在本案例的目标页面中，第4张照片和第3张照片之间有一个比较大的空间，用于容纳文字内容，那么这个空白如何实现呢？这里就可以用相对定位来非常方便地实现。

图2.25　偏移 Box-2

```
<ul id="profiles">
<li><img src="photo-1.jpg"/></li>
<li><img src="photo-2.jpg"/></li>
<li><img src="photo-3.jpg"/></li>
<li class="last"><img src="photo-4.jpg"/></li>
</ul>
```

然后设置相应的CSS属性。

```
#container li.last{
    position:relative;
    left:200px;
}
```

这里将类别为last的li元素设置为相对定位，并设置left:200px，就使它向右移动200像素，如图2.26所示。

可以看出，最右边的照片从原来的位置（图中白色矩形位置）移动了200像素。这样，最右边的两张照片之间就空出一定的距离，用来放置文字内容，这就是相对定位的作用。

图2.26　使用相对定位后的效果

2.13 设置网页文本内容

接下来加入文字内容，它包括简介、链接、联络方式等信息。由于它们都放在一个区域

中，因此可以在它们的外面整体套一层div，将div的id设置为"intro"。代码如下：

```
<div id="intro">
<p>For more than 20 years, Chance Wen's photographs have brought incredible images of landscape to
people around the world.</p>
<ul>
<li>[ <a href="#">United States</a> ]</li>
<li>[ <a href="#">Canada</a> ]</li>
<li>[ <a href="#">China</a> ]</li>
<li>[ <a href="#">Austrila</a> ]</li>
<li>[ <a href="#">United Kingdom</a> ]</li>
</ul>
<p>Hardcover with jacket. More than 200 color photos.</p>
<p>Tel:+86-10-98765432<br />
Fax:+86-10-98765432</p>
<p>e-mail:support@artech.cn</p>
</div>
```

有了前面的基础，使这个div放到两张照片中间就很容易了。CSS设置如下：

```
#container #intro{
        width:180px;
        position:absolute;
        left:420px;
        top:30px;
        font-family:Arial;
        font-size:11px;
        line-height:17px;
}
```

上面的代码中，先把宽度设置为180像素，后面的3行使用了绝对定位，把它放到两张照片之间。接下来分别设置了这个div中文字的字体、大小和行高，效果如图2.27所示。

CSS中有很多简写的方式，例如后面3行设置文字样式的代码，就可以简写为一条：

```
font:11px/17px arial;
```

至此效果已经基本完成了，剩下的工作就是

图 2.27　放置了文本内容后的效果

对ul列表的样式以及链接文本的样式进行设置。代码如下：

```
#container #intro ul{
        list-style-type:none;
        margin:0 0 0 20px;
        padding:0;
        font-size:12px;
}
```

这里首先将ul列表项目的圆点去掉，设置了margin和padding，并把文字大小设置为12像素。

```
#container #intro a{
    color:#fff;
    font-weight:bold;
    text-decoration:none;
}
```

上面这段代码中，将链接文字的颜色设置为白色，文字设置为粗体，并去除链接文本下面的下画线。

```
#container #intro a:hover{
    color:black;
}
```

最后，设置鼠标指针经过链接时文字的颜色变为黑色，这样就可以清楚地提示访问者即将进入的项目，效果如图2.28所示。

图 2.28　设置了链接样式后的效果

2.14 本章小结

在本章中，设计制作了一个摄影师的个人网站首页。希望读者通过对这个案例的学习，可以在两个方面有所收获。

（1）了解遵从Web标准的网页设计流程。

（2）对使用CSS布局的基础概念和原理进行了讲解和演示，例如在图2.29中，使用不同的颜色表示了不同元素占据的空间。希望读者能够非常清楚地指出每一个矩形线框对应着哪一个网页元素。

下面给读者留一些思考题。

（1）在图中一共有蓝、绿、橙、紫、红5种颜色的线框，请读者分别指出每种颜色的线框对应着哪种元素。

（2）指出所有线框包围的元素中，哪些元素是以标准流方式布局的，哪些使用了相对定位，哪些使用了绝对定位，哪些使用了浮动方式布局。

（3）4张照片周围的线框为什么与图像有一定的距离？这是如何设置产生的效果？

（4）相邻的紫色线框围绕的元素之间为什么会有一定的间隔？这是盒子模型中的哪个部分产生的效果？

图 2.29　标示了盒子范围的效果图

（5）最外层的蓝色线框的宽度和高度分别是由什么决定的？

如果读者不能正确回答以上问题，请务必仔细阅读本章以及其他更为基础的CSS书籍，确保理解了这些基础原理之后，再继续下一章的学习。

第 3 章

生物研究中心网站布局

在上一章中，我们学习并实践了一个比较简单的页面。在本章中，将完成一个更为复杂的页面。从技术角度来说，上一章重点介绍了"绝对定位"和"相对定位"两种重要的定位方式，本章将介绍另一个CSS中的重要基础，即使用"浮动"的方法布局页面。

课堂学习目标

- 掌握盒子浮动技术
- 理解在CSS中设置边框的技巧
- 了解扩充布局的方法

3.1 案例描述

这里制作的是一个生物研究机构的网站，完成后的首页效果如图3.1所示。

图 3.1　完成后的首页效果

通常这类网站主要是用于发布关于这个机构的一些信息，主要包括机构的名称、简介、研究领域和项目以及一些新闻动态等内容。例如，图3.2和图3.3是两个比较知名的研究机构的网页，前者为IBM研究院的网页，后者是NASA下属的Ames研究中心的网页。

图 3.2　http://www.research.ibm.com/

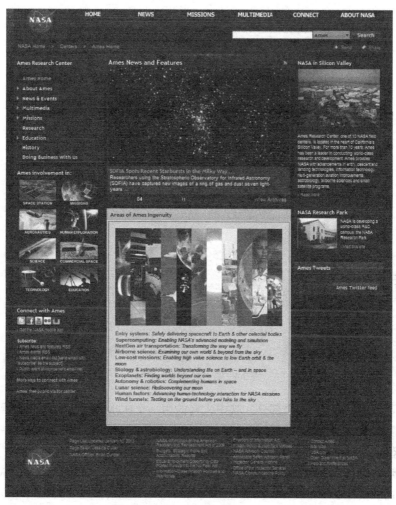

图 3.3　http://www.nasa.gov/centers/ames/home/index.html

　　从设计角度来说，这类网站都比较突出学术感觉，而较少涉及商业元素。这些网站上通常包含的内容较多，因此页面需要分为若干个部分。下面我们就来研究一下，如何将各个部分灵活、准确地放置到页面适当的位置上。

3.2 内容分析

　　仍然像上一章的案例一样，先来明确首页上要展示的内容是什么。这里的图中直接列出了需要在页面上放置的内容，读者也可以从中清楚地看出搭建这个页面的HTML结构。该网页在没有使用任何CSS设置的情况下，使用浏览器观察的效果如图3.4所示，用绿色半透明的区块表明了各个部分。

图 3.4　基本的 HTML 结构

从图中可看出，一共有9个部分。其中，有的用一个HTML标记就可以包括，如h1标题等；有的需要用一个ul列表来完成，如顶部导航条和主导航条；还有的需要一组标记来完成，如研究计划等部分，在该部分中，既有标题，又有文字段落。

因此，建议读者在实际工作中，先构建出整个HTML结构。建立好整个HTML之后，再开始进行布局和其他CSS的设置。虽然这些代码结构并不复杂，但罗列出来却很长，会占用较长篇幅，也不便于读者阅读和学习，因此我们还采用上一章的讲解方式，从页面的最上端开始依次讲解。对于每一个部分，我们先列出HTML代码，然后讲解它的相关CSS设置方法和原理。

3.3　原型设计

上面列出的是单纯的HTML结构，按照工作流程，下面应该设计出一个网页的原型线框图，如图3.5所示。原型设计可以使自己对各个部分的位置关系一目了然。

从这个图中可以看出，内容要比上一张复杂不少，更为重要的一点是，我们必须要考虑每一个部分的扩展情况，例如，主菜单以后有可能会增加菜单项目，因此不能把主菜单部分的高度固定死。如果读者使用过表格布局，就会知道，使各个部分的高度可以变化是很麻烦的一个问题，那么在CSS布局中，又会如何呢？

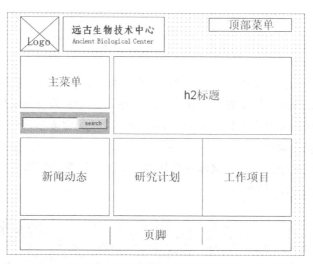

图 3.5　为本案例设计的原型线框图

3.4 页面方案设计

　　需要说明的是，对比原型线框图和前面的最终效果图，可以发现，这个页面基本上不需要美工做很多设计工作。在图中，只有3个位置需要用图片来实现，即Logo、网站的名称（h1标题）和网站的Banner（h2标题），而且由于Logo和h1标题紧挨着，二者可以合为一个图像，因此只需要在美工软件中设计出独立的两个图片就可以了，如图3.6和图3.7所示。

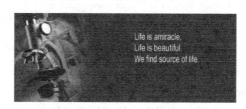

图 3.6　网站的 Logo 和名称　　　　　　　　图 3.7　网站的 Banner

3.5 CSS 技术准备——盒子的浮动

　　完成了相应图片的制作以后，就要开始使用CSS布局了。在实际工作之前，必须先准备一些十分重要的CSS基础原理——"浮动"属性的性质、作用和用法。如果对这个属性没有充分的理解，是无法完成复杂页面的CSS布局的。

在标准流中，一个块级元素在水平方向会自动伸展，直到包含它的元素的边界，而在竖直方向会和兄弟元素依次排列，不能并排。使用"浮动"方式后，块级元素的表现就会有所不同了。

CSS中有一个"float"属性，默认为"none"，即"不浮动"，也就是在标准流中的通常情况。如果将float属性的值设置为"left"或"right"，元素就会向其父元素的左侧或右侧靠近，同时默认情况下（没有设置width属性的情况）盒子的宽度不再伸展，而是收缩，根据盒子里面内容的宽度来确定。

浮动的性质比较复杂，这里先制作一个基本的页面，如图3.8所示。然后做一些变化，使读者理解浮动的原理和使用方法。

图 3.8　没有设置浮动时的效果

这个页面中定义了4个<div>块，其中有1个外层的div，也称为"父块"，另外3个是嵌套在它里面的div，称为"子块"。为了便于观察，将各个div都加上了边框以及背景颜色，并且让<body>标记以及各个div有一定的margin值。

如果3个子div都没有设置任何浮动属性，它们就为标准流中的盒子状态，在父块里面，4个子块各自向右伸展，在竖直方向依次排列。

3.5.1　设置浮动

首先为第1个子块设置CSS属性，这里只关心它的浮动属性。代码如下：

```
#box-1{
    float:left;
    }
```

这时效果如图3.9所示。可以看到，标准流中的Box-2的文字在围绕着Box-1排列，而此时Box-1的宽度不再伸展，而是能容纳下内容的最小宽度。

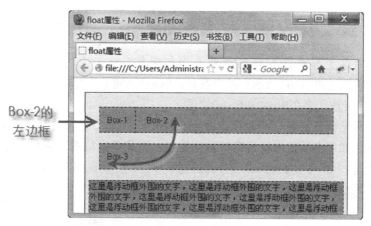

图 3.9　设置第 1 个 div 浮动时的效果

如果将Box-2的float属性也设置为left，此时效果如图3.10所示。可以看到，Box-2也变为根据内容确定宽度，并使Box-3的文字围绕着Box-2排列。

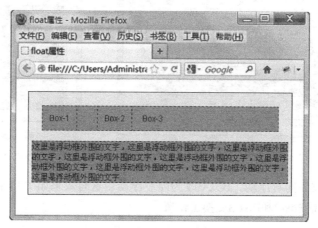

图 3.10　设置第 2 个 div 浮动时的效果

接下来，把Box-3也设置为向左浮动，这时效果如图3.11所示。可以清楚地看到，文字所在盒子（红色背景）的范围，以及文字会围绕着浮动的盒子排列。

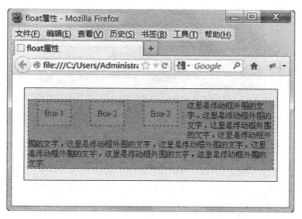

图 3.11　设置第 3 个 div 浮动时的效果

3.5.2　浮动的方向

上面将3个盒子都设置为向左浮动，而如果将Box-3改为向右浮动，即属性值为float:right，这时效果如图3.12所示。可以看到，Box-3移到了最右端，文字段落盒子的范围没有改变，但文字变成了夹在Box-2和Box-3之间。

这时，如果把浏览器窗口慢慢调整变窄，Box-2和Box-3之间的距离就会越来越小，直到二者相接触。如果继续把浏览器窗口调整变窄，浏览器窗口就无法在一行中容纳Box-1、Box-2和Box-3这3个div了，此时Box-3会被挤到下一行，但仍保持向右浮动，这时文字会自动布满空间，如图3.13所示。

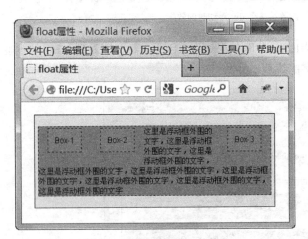

图 3.12　改变浮动方向后的效果

图 3.13　div 被挤到下一行后的效果

如果将Box-2改为向右浮动，Box-3改为向左浮动，这时效果如图3.14所示。可以看到，布局没有变化，但是Box-2和Box-3交换了位置。

图 3.14　交换 div 位置后的效果

分　析　　这里给我们提供了一个很有用的启示——通过使用CSS布局，可以在HTML不做任何改动的情况下调换盒子的显示位置。这个应用非常重要，这样我们就可以在写

> HTML的时候，通过CSS来确定内容的显示位置，而在HTML中确定内容的逻辑位置，可以把内容最重要的放在前面，相对次要的放在后面。
>
> 这样做的好处是，在访问网页的时候，重要的内容会先显示出来，虽然这可能只是几秒钟的事情，但是对于一个网站来说，却是很宝贵的几秒钟。研究表明，一个访问者对一个页面的印象往往是由最开始的几秒钟决定的。

此外，搜索引擎是不管CSS的，它只根据网页内容的价值来确定页面的排名。而对于一个HTML文档，越靠前的内容，搜索引擎会赋予其越高的权重。因此把页面中最重要的内容放在前面，对于提高网站在搜索引擎的排名是很有意义的。

下面把页面修改为如图3.15所示的样子。方法是把3个div都设置为向左浮动，然后在Box-1中增加一行文字，使它比原来高一些。

请读者思考，如果此时把浏览器窗口调整变窄，结果将会如何？Box-3会被挤到下一行，那么它会在Box-1的下面，还是在Box-2的下面呢？答案如图3.16所示。

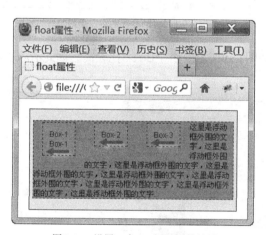

图 3.15　设置 3 个 div 浮动后的效果

图 3.16　div 被挤到下一行并卡住后的效果

在图3.16中绘制了3条示意虚线，这是3个盒子之间的实际分隔线。Box-3被挤到下一行，并向左移动，到了这个拐角的地方就会被卡住，而停留在Box-2的下面。

到这里，关于浮动的性质读者应该已经理解了。接下来，很自然地会想到，如果将某个盒子设置为浮动，但又不希望它后面的元素受它的影响，该如何操作呢？这就需要一个与float属性配合的属性clear，它的作用正是清除浮动的盒子对其他盒子的影响。

3.5.3　使用 clear 属性清除浮动的影响

参考图3.17，修改代码，以使文字的左右两侧同时围绕着浮动的盒子。

这时如果不希望文字围绕着浮动的盒子，又该怎么办呢？为红色背景的文本段落增加一行对clear属性的设置，这里先将它设为左清除，也就是使这个段落的左侧不再围绕着浮动框排列。

```
p{
    clear:left;
    }
```

这时效果如图3.18所示。段落的上边界向下移动，直到文字不受左边的两个盒子影响为止，但它仍然受Box-3的影响。

图 3.17　设置浮动后文字环绕的效果　　　　图 3.18　清除浮动对左侧影响后的效果

接着，将clear属性设置为right，效果如图3.19所示。由于Box-3比较高，因此清除了右边的影响，左边自然就更不会受影响了。

图 3.19　清除浮动对右侧影响后的效果

学者没有搞懂原理，误以为在对某个盒子设置了float属性以后，要清除它对外面文字的影响，就要在它的CSS样式中增加一条clear，其实这是没有用的。

3.5.4　扩展盒子的高度

关于clear的作用，这里再给出一个例子。在上面的例子中，如果将文字所在的段落删除，这时在父div里面只有3个浮动的盒子，它们都不在标准流中。这时观察浏览器中的效果，如图3.20所示。

可以看到，文字段落被删除以后，父div的范围缩成很窄的一条，这个窄条是由padding和border构成的，内容的高度为0。也就是说，一个div的范围是由它里面的标准流内容决定的，与里面的浮动内容无关。如果要使父div的范围包含这3个浮动盒子，如图3.21所示。那么该怎么办呢？

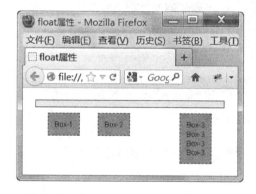

图 3.20　包含浮动 div 的容器将不会适应高度

图 3.21　希望实现的效果

比较方便的方法是在3个div的后面再增加一个div，HTML代码如下：

```
<body>
    <div class="father">
        <div id="box-1">Box-1</div>
        <div id="box-2">Box-2</div>
        <div id="box-3">Box-3<br />Box-3<br />Box-3<br />Box-3</div>
        <div class="clear"></div>
    </div>
</body>
```

然后为这个div设置清除属性。

```
.father .clear{
    clear:both;
    }
```

这样做的本质就是在父div中加入一个保留在标准流中的子div，这个div实际上并不占据空间，但是可以把父div的高度扩展到下端。这时效果如图3.21所示。

3.6 布局设计

从图3.1中可以知道，本网页中一共有9个部分，和最终的效果相比，可以清楚地知道这是如何对应的，如图3.22所示。

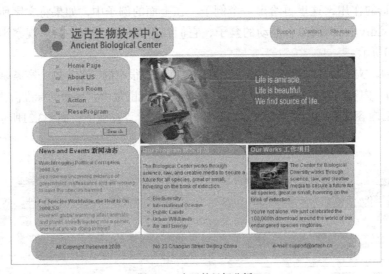

图 3.22　布局的目标分析

那么这种布局是如何实现的呢？下面就从零开始，一步一步制作出这个页面。

3.7 CSS 技术准备——在 CSS 中设置边框

关于CSS中设置元素边框的相关知识，这里做一个简单的说明。border位于padding和margin之间，如图3.23所示。

border的属性主要有3个，分别是color（颜色）、width（宽度）和style（样式）。在设置border时，常常需要将这3个属性很好地配合起来，才能达到良好的效果。在使用CSS设置边框的时候，可以分别使用border-color、border-width和border-style。

● border-color指定border的颜色，它的设置方法与文字的color属性完全一样，通常情况下设

图 3.23　盒子模型示意图

置为十六进制的值，例如红色为"#FF0000"。在CSS中，形如"#336699"这样的十六进制值可以缩写为"#369"，当然也可以使用颜色的名称，例如red，green等。

● border-width用来指定border的粗细程度，可以设为thin（细）、medium（适中）、thick（粗）和<length>。其中<length>表示具体的数值，例如5px和0.1in等。width的默认值为"medium"，一般的浏览器都将其解析为2像素宽。

● border-style用来指定边框的样式，它可以设为none，hidden，dotted，dashed，solid，double，groove，ridge，inset和outset之一。它们依次分别表示"无"、"隐藏"、"点线"、"虚线"、"实线"、"双线"、"凹槽"、"突脊"、"内陷"和"外凸"。其中none和hidden都不显示border，二者效果完全相同，只是运用在表格中时，hidden可以用来解决边框冲突的问题。

 Firefox浏览器对边框样式支持得比较好，而IE浏览器对很多边框样式都不支持，在实际制作网页的时候需要注意。

CSS中可以用简写的方式确定边框的属性值，有以下几种情况。

3.7.1 对不同的边框设置不同的属性值

其方法是按照规定的顺序，给出1个、2个、3个或者4个属性值，它们的含义将有所区别。具体含义如下：

● 如果给出1个属性值，那么表示上下左右4条边框使用相同的属性值；
● 如果给出2个属性值，那么前者表示上下边框的属性，后者表示左右边框的属性；
● 如果给出3个属性值，那么前者表示上边框的属性，中间的数值表示左右边框的属性，后者表示下边框的属性；
● 如果给出4个属性值，那么依次表示上、右、下、左边框的属性，即顺时针排序。
例如下面这段代码：

```
border-color: red green
border-width:1px 2px 3px;
border-style: dotted、 dashed、 solid、 double;
```

其含义是，上下边框为红色，左右边框为绿色；上边框宽度为1像素，左右边框宽度为2像素，下边框宽度为3像素；从上边框开始，顺时针方向，4个边框的样式分别为点线、虚线、实线和双线。

3.7.2 在一行中同时设置边框的宽度、颜色和样式

当把border-width，border-color和border-style这3个属性合在一起，还可以用border属性来简写。例如：

```
border: 2px green dashed
```

这行样式表示将4条边框都设置为2像素的绿色虚线，这样就比分为3条样式来写方便多了。

3.7.3　对一条边框设置与其他边框不同的属性

在CSS中，还可以单独对某一条边框在一条CSS规则中设置属性。例如：

border: 2px green dashed;

border-left: 1px red solid

第1行表示将4条边框设置为2像素的绿色虚线，第2行表示将左边框设置为1像素的红色实线。这样，合在一起的效果就是：除了左侧边框之外的3条边框都是2像素的绿色虚线，而左侧边框为1像素的红色实线。这样就不需要使用4条CSS规则分别设置4条边框的样式了，仅使用2条规则即可。

3.7.4　同时指定一条边框的一种属性

有时，还需要对某一条边框的某一个属性进行设置。例如仅希望设置左边框的颜色为红色，可以写作：

border-left-color:red

类似的，如果希望设置上边框的宽度为2像素，可以写作：

border-top-width:2px

　　　　当有多条规则作用于同一个边框时，会产生冲突，即后面的设置会覆盖前面的设置。

因此，前面h1标题的边框属性设置为

border-top:6px　#DDD solid;

border-bottom:2px　#DDD solid;

表示上边框为6像素的浅灰色实线，下边框为2像素的浅灰色实线。

3.8　制作页头部分

首先来搭建本案例页头部分的HTML结构，代码如下：

```
<body>
    <div id="container">
        <h1><span>Ancient Biological Center</span></h1>
        <h2><span>Life is a miracle,Life is Beatiful,We find source of life.</span></h2>
        <ul id="topMenu">
            <li><a href="#">Support</a></li>
            <li><a href="#">Contact</a></li>
            <li><a href="#">Site map</a></li>
        </ul>
```

```
        </div>
    </body>
```

最外层是一个<div>，id设置为"#container"，用它来把页面中的所有内容包裹起来，设置固定的宽度，并居中显示。然后在div#container里面包括了h1和h2标题，以及一个ul列表。

下面设置CSS样式，首先对body进行初始化，设定margin和padding，并对正文字体进行设置。

```
body{
    margin:0;
    padding:0;
    font-family:Arial;
    font-size:12px;
}
```

然后对列表进行初始化，它会影响网页中的所有列表，这样做的目的是使网页中所有的ul列表都有统一的初始设置。

```
ul{
    list-style-type:none;
    margin:0;
    padding:0;
}
```

接着设置div#contatiner的宽度为765像素，并将定位（position）属性设置为相对定位，其作用是定位里面使用绝对定位的顶部菜单。这一点在上一章的案例中详细介绍过，这里只是复习，如果读者还不熟悉，可以参考上一个案例。代码如下：

```
#container{
    width:765px;
    margin:10px auto;
    position:relative;
}
```

然后设置网页的标题，即h1元素，基本方法和上一章中介绍的图像替换文本的方法相同。可以看到在网页标题的上下有两条宽度不等的灰线，它们可以通过边框属性来方便地实现。给h1标题设定了高度，这个高度正好和前面准备的图像高度一致。设置背景图像，且将背景图像设为"不平铺"。最后，由于h1标题原本有默认的margin，因此现在将其设置为零。

```
h1{
    border-top:6px    #DDD solid;
    border-bottom:2px    #DDD solid;
    height:80px;
    background-image:url('logo.png');
    background-repeat:no-repeat;
    margin:0;
}
```

同样，把h2也替换为上面准备好的背景图像。h2原本在h1标题的下左侧，为了将它放到右侧，并在将来能和左边的主菜单并列，可以使用浮动的方法，将h2元素设置为向右浮动。代码如下：

```
h2{
    width:510px;
    height:200px;
    background-image:url('banner.png');
    margin:5px 0 0 0;
    float:right;
}
```

设置好背景图像以后，需要将文本隐藏起来。代码如下：

```
h1 span,
h2 span{
    display:none;
}
```

这时的效果如图3.24所示。

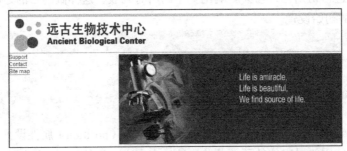

图 3.24　页头部分

可以看到，现在h1和h2已经放置好了，下面需要将列表菜单放到右上角去。前面在HTML代码中，已经为这个ul列表设置了id，为"topMenu"。现在需要将这个列表设置为绝对定位，由于它的父元素div#container已经设置为相对定位，因此现在这个项目菜单列表就会以div#contatiner为定位基准了。将其设置为靠右端，与上端有一定距离，避免将来设置的竖线穿过灰色横线顶到窗口上边缘。代码如下：

```
#topMenu{
    position:absolute;
    right:0;
    top:6px;
}
```

接下来将菜单中的列表项目设置为向左浮动，就把原来竖排的列表变为横向排列了。接着设置padding，上面的距离比较高，为20像素，左右为10像素，下侧padding为0，并且设置每个列表项目的左边框为1像素的浅灰色实线。代码如下：

```
#topMenu li{
    float:left;
    padding: 20px 10px 0;
    border-left:1px #ddd solid;
}
```

这时的效果如图3.25所示。

现在这个菜单中有3条竖线，通常希望最左边的竖线不出现，即只有两个列表项目之间存在竖线，这时就要对第1个列表项目进行单独处理，使它没有边框。

图 3.25　右上角的菜单

因此，首先对第1个列表项设置id为"first"，对它设置CSS如下：

```
#topMenu li.first{
    border:none;
}
```

接下来还可以设置链接文字的颜色和样式，例如将它设置为灰色，并取消默认的下画线。代码如下：

```
#topMenu li a{
    color:gray;
    text-decoration:none;
}
```

为了在鼠标指针经过某一个菜单项文字的时候，使它的样式有所变化，可以设置元素的":hover"伪类别样式。关于":hover"伪类的深入用法，本书后面会详细讲解。这里将样式设置为同时具有上画线和下画线。代码如下：

```
#topMenu li a:hover{
    text-decoration:underline overline;
}
```

这时的效果如图3.26所示。

图 3.26　完成后的页面顶部

至此页头部分的几个元素都设置好了。

3.9 制作主体部分

接下来要考虑如何把页面的主体部分也放到页面中，我们可以先把主体部分分为左右两部分来考虑。

主导航、搜索框和新闻动态3个部分可以放在一个div中，比较窄，正好放到上面做好的

Banner左边，并向下延伸。

此外研究计划和工作项目这两个部分，正好在h2图像的下面。

3.9.1　主体的左侧部分

下面先来看左侧的窄列。#contatiner的总宽度是765像素，分为左边1/3和右边2/3，即255像素和510像素。因此左边的窄列宽度就是255像素。将这个窄列的id设置为"narrow"，里面包括3个部分，第1部分是id为"mainMenu"的主导航，接下来是搜索框，再接下来是新闻动态区域。代码如下：

```
<div id="narrow">
    <ul id="mainMenu">
        <li><a href="#">Home Page</a></li>
        <li><a href="#">About US</a></li>
        <li><a href="#">News Room</a></li>
        <li><a href="#">Action</a></li>
        <li class="last"><a href="#">ReseProgram</a></li>
    </ul>
    <form>
        <input name="Text1" type="text" />
        <input name="Button1" type="button" value="Search" />
    </form>
    <div id="news">
        <h3>News and Events 新闻动态 </h3>
        <h4 class="newsTitle">Watchfrogging Political Corruption</h4>
        <p class="newsDate">2008.5.9</p>
        <p class="newsContent">See how we uncovered evidence of government malfeasance and are
        working to save the species harmed.</p>
        <h4 class="newsTitle">For Species Worldwide, the Heat Is On</h4>
        <p class="newsDate">2008.5.9</p>
        <p class="newsContent">How will global warming affect animals and plants already backed
        into a corner, and what are we doing to help?</p>
    </div>
</div>
```

注意代码中设置了3个id，整个窄列的id为"narrow"，里面菜单部分的id为"mainMenu"，新闻动态部分的id为"news"。

在新闻动态部分，一共有两条新闻，每条新闻由标题、日期和内容组成，也都分别设置了id，请读者从上面的代码中找到相关的信息。

下面重点讲解CSS的设置方法。首先需要设定这个窄列的宽度，应该为总宽度的1/3，即255像素。上面已经把h2设置为向右浮动，并且宽度为510像素，因此它的左边正好留出了255像素的空间。设置div#narrow的代码如下：

```
#narrow{
    width:235px;
    float:left;
```

```
padding:10px;
}
```

除了设定宽度为255像素之外，还设置它为向左浮动，并设置了10像素的内边距，其目的是使里面的内容和边界不要靠得太紧。

接下来设置主菜单，主菜单由一个ul列表构成。首先设置列表的4周margin，使列表和周围都有一定的空白。由于是主菜单，因此将文字设置得大一些，为15像素，行高为20像素。

```
#narrow #mainMenu{
    margin:0 40px 10px 20px;
    font-size:15px;
    line-height:20px;
}
```

然后为每一个菜单项目设置1像素的灰色下边框。

```
#narrow #mainMenu li{
border-bottom:1px #DDD solid;
}
```

然后设置菜单中的链接样式，包括以下几个方面的样式。

● 首先，a元素原本像span元素一样，是行内元素，因此只有鼠标指针移动到链接文字上时，才会触发链接，也就是鼠标指针变成手的形状。而这里，我们希望鼠标指针只要进入列表项目的范围中就可以触发链接，因此需要将a元素的类型从行内元素变为块级元素。

● 字体相关的，如字体颜色、取消链接文字下面的下画线、粗体。

● 给每一个菜单项的前面设置一个小箭头图片，这可以使用背景
图像来实现，把这个图像放大观察如图3.27所示，是一个绿色箭头图
案，右边有一条浅灰色的竖线。

图 3.27　项目列表符号

把这个图像作为链接的背景图像。因此，为了使链接文字不会压在这个背景图像的上面，设置了50像素的左padding。

相关的代码如下：

```
#narrow #mainMenu li a{
display:block;
color:#555;
text-decoration:none;
font-weight:bold;
padding:3px 0 3px 50px;
background-image:url('bullet-green.gif');
background-repeat:no-repeat;
background-position:left center;
}
```

为了增加一些效果，我们又制作了一个和上面的绿色箭头形状一样、只是颜色不同的图像，并将它设置为a元素的“:hover”伪类别的背景图像。这样当鼠标指针经过某一个菜单项的时候，绿色的箭头就会变为红色，实际上是更换了一个背景图像。

```
#narrow #mainMenu li a:hover{
    background-image:url('bullet-red.gif');
}
```

最后我们回忆一下，在制作顶部菜单的时候，我们对第一个菜单项做了特殊处理，把它

的边框去掉了。这里与之类似，但是应该把最后一个菜单项目的边框清除，这样菜单中就只有菜单项目之间才会有灰色的分割线。此方法就是为最后一个菜单项的li增加一个last类别，然后设置它的样式为

```
#narrow #mainMenu li.last{
border-bottom:1px white solid;
}
```

接下来设置搜索框，它是由一个form构成的，直接对这个form设置CSS样式，代码如下。这些都是已经熟悉的设置方法，因此就不再详细解释了。

```
#narrow form{
    background-image:url('search-background.gif');
    text-align:center;
    padding-top:11px;
    height:36px;
    padding-bottom:0px;
    margin:10px 0;
}
```

目前的效果如图3.28所示，可以看到鼠标指针不需要在文字上面，只要在菜单项的方位，就会触发链接，并且绿颜色的箭头变为红颜色。

图3.28　项目列表

接下来设置新闻动态，首先设置新闻动态的h3标题。

```
#narrow #news h3{
    margin:10px 0;
    font-size:15px;
}
```

然后考虑到，新闻动态部分有一些p段落，在默认情况下，p段落都带有很宽的上下margin，而这里希望它们紧密地靠在一起，因此将p段落的margin设置为0。

```
#narrow #news p{
    margin:0;
}
```

接下来，分别设置每条新闻的标题、日期和内容的样式。请读者阅读一下相关的CSS代码，自己分析一下效果与代码之间的对应关系。

```
#narrow .newsTitle{
    color:#47C;
    font-size:12px;
    font-weight:bold;
    background-image:url('arrow.gif');
```

```
        background-position:left center;
        background-repeat:no-repeat;
        padding-left:10px;
        margin:10px 0 0 -10px;
}


#narrow .newsDate{
        color:#777;
        font-weight:bold;
}


#narrow .newsContent{
        font-size:11px;
        color:#777;
}
```

效果如图3.29所示。代码中只有一处需要特别说明，请看图中的两处蓝色新闻标题左端，各有一个绿色三角符号，根据前面的经验，这显然是用背景图像实现的。但是请注意，所有的内容左端都是对齐的，那么这个三角符号怎么到了边界的外面呢？

图3.30说明了其中的原理，div#news的宽度是受限于div#narrow的，div#narrow有10像素padding，图中虚线表示的是div#news的范围，外面的实线表示div#narrow的范围，二者之间有10像素padding。正常情况下，里面的h4新闻标题也应该像h3那样在虚线的范围内。而这里为了在h4标题左端设置一个三角形的背景图像，将h4的左侧margin设置为"-10px"，这样h4的左端就外扩了10像素，它的背景就可以在图中所示的位置了。而我们又希望h4中的文字仍然和其他内容一样，以左侧虚线位置对齐，因此又设置左侧的padding为10像素，形成图3.29中的效果。

图 3.29　新闻列表的效果

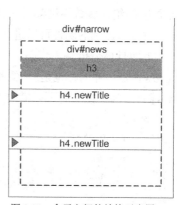

图 3.30　盒子之间的结构示意图

通过这个技巧可以知道，margin可以设置为负值，使盒子的范围扩展到父div的外面，这个性质是非常有用的。

3.9.2　主要内容区

接下来，就要设置右边的两个区块了。我们可以设置两个div，分别放置"研究计划"和

"工作项目"栏目。代码如下：

```
<div class="contentBox orange">
    <h3>Our Program 研究计划 </h3>
    <p> The …… brink of extinction.</p>
    <ul>
        <li>Biodiversity </li>
        ……
        <li>Air and Energy</li>
    </ul>
</div>


<div class="contentBox green ">
    <h3>Our Works 工作项目 </h3>
    <p><img class="floatLeft" src="pic.jpg"/>The … of extinction.</p>
    <p> You're … ringtones.</p>
</div>
```

可以看到，每一个div中有一个h3标题、文本段落和文字列表等内容。和前面定义class不同的是，这里两个div的class都赋予了两个类别名称，其中一个是contentBox，另一个是orange和blue，两个类别名之间用空格隔开。

在CSS中规定，对同一个元素，比如这里的div，可以同时设置多个类别，这些类别的名称之间用空格隔开即可，即一个类别可以赋给多个元素，一个元素也可以同时使用多个类别。但是对同一个元素，只能设置一个id，同时一个id只能赋给一个元素。这是class与id的一个重要区别。

为什么要给div设置两个类别呢？观察图中的效果，"研究计划"和"工作项目"这两个区块，除了标题的背景色一个是橙色，另一个是绿色之外，二者的样式是完全相同的。即这两个div的绝大多数属性都是一样的，也就是共性的属性都放在".contentBox"这个类别中设定，少量有区别的属性可以进行分别的设置。

下面具体分析一下代码。首先设置".contentBox"类别的样式，这两个div占有的宽度和narrow列是一样的，也是255像素。由于设置了左右各5像素的padding，因此width属性设置为245像素。为了使二者可以横向并列，将其设置为浮动。代码如下：

```
.contentBox{
    width:245px;
    float:left;
    padding:0 5px;
}
```

两个区块中的h3标题背景色不同，因此分别设置为橙色和绿色。

```
.orange h3{
    background-color:orange;
}
.green h3{
    background-color:green;
}
```

接着设置div中h3标题的属性，这些属性都是左右两个div中的标题共同具有的属性。文字比正文文字要大一些，因为背景色比较深，所以将文字颜色设置为白色。代码如下：

```
.contentBox h3{
    font-size:15px;
    color:white;
    margin:5px -2px 5px -5px;
    line-height:1.5;
    padding-left:5px;
}
```

由于两个div中使用了ul列表和图像，因此需要对它们设置必要的属性。代码如下：

 注 意　　　　　.floatLeft类别的作用是使"工作项目"中的图像靠左，文字围绕着它排列。

```
.contentBox ul{
    margin-left:2em;
    font-weight:bold;
    color:#666;
    list-style-type:circle;
}

.floatLeft{
    float:left;
    margin-right:5px;
}
```

读者在研究上面代码的作用时，一定要对照着HTML代码进行分析，才能知道每一行代码的作用。这时效果如图3.31所示。

图 3.31　主要内容区的效果

现在这个页面基本上已经完成了，最后制作页面的页脚部分。页面分为左中右3个部分，分别放置版权信息、地址和联系邮件，因此可以用一个ul列表来搭建。代码如下：

```
<div id="footer">
<ul>
<li class="first">All Copyright Reserved 2008</li>
<li>No 23 Changan Street Beijing China</li>
<li>e-mail:support@artech.cn</li></ul>
</div>
```

由于上面使用了浮动的div，因此必须要使用clear属性清除浮动的影响，使footer可以位于这些浮动div的底端。CSS样式如下：

```
#footer{
    clear:both;

}
```

接下来就是设置footer里面的样式了。具体的属性这里不再详细分析，读者可以自己研究。

```
#footer ul{
    margin-top:15px;
    height:30px;
    border-top:10px #ddd solid;
    border-bottom:10px #ddd solid;
}
#footer ul li{
    width:254px;
    float:left;
    height:30px;
    background-color:#ddd;
    text-align:center;
    line-height:30px;
    border-left:1px #bbb solid;
}

#footer .first{
    border:none;
    width:255px;

}
```

3.10 CSS 技术扩展——扩充布局

在这个案例中，多处使用了浮动的性质，我们来总结一下本案例中各个浮动div的浮动规律。这里绘制一个页面的结构示意图，如图3.32所示。

最上面和最下面两个是标准流方式的盒子，中间有4个浮动的盒子，h2向右浮动，让出来的位置，放进了#narrow，然后又有两个盒子填入了右边的空白。

下面我们再来对这个案例进行一些扩展，读者就会体会使用CSS布局的巨大优势了。我们可以考虑，现在一共放置了两个内容div，图3.32中标注为1和2。随着网站的发展，可能需要增加一些内容区块，如希望成为如图3.33所示的样子。

图中又增加了3个区块，那么现在要把原来的页面扩充为这个布局是非常方便的，直接在HTML中增加3个div.contentBox，然后修改里面的文字即可。这时的结构如图3.34所示。甚至如果需要，还可以增加很多个内容区块，都非常方便灵活。

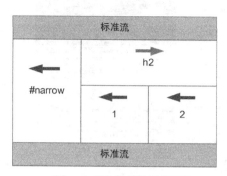

图 3.32　页面的结构示意图

图 3.33　增加了 3 个内容区块

但是请读者注意这一问题。在图3.34中的#narrow列的底端和旁边两个编号为1和2的div底端在同一水平线上，那么3、4、5这3个div向左浮动，自然就会形成图3.34中的效果。

但是如果它们的底端不在同一水平线上，如图3.35中所示的情况，那么结果就不同了。

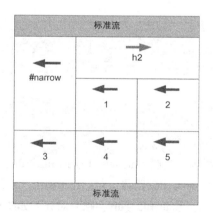

图 3.34　增加区块后的页面结构示意图

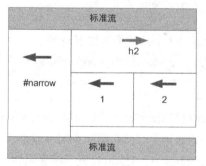

图 3.35　底端不在同一水平线的情况

根据前面介绍的关于浮动的规则，后面的3个浮动div将形成如图3.36所示的效果。

3号div向左浮动时会被#narrow卡住。注意5号div并不会向上塞进空白中去，而会停在图3.36所示的位置，这是因为它们都是向左浮动的。这和#narrow塞到h2的右边是不同的，因为h2是向右浮动。也就是说，如果3号和4号两个div是向右浮动，5号就会向上塞进空白中了，如图3.37所示。但是要注意，这时3号div位于4号div的右边了，因为在HTML中，3号div写在4号div的前面。

其中的原理请读者仔细思考。上面的讨论是在假设1号和2号div一样高的前提下进行的，如果这两个div的高度也不同，那么结果如何？请读者进一步思考，这里就不再赘述了，关键

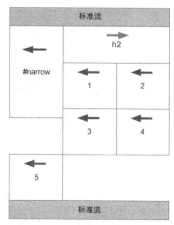

图 3.36　底端不在同一水平线时增加区块的情况

是请读者务必真正搞懂浮动的原理。

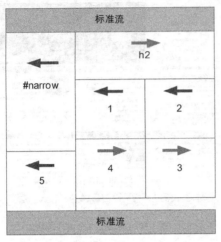

图 3.37　改变浮动方向后的结构图与效果图

　　那么如果仍然保持3号和4号div左对齐，而希望无论#narrow、1号div以及2号div这3个div中哪个高一些，都可以保证排版效果良好，则可以使用clear属性来实现。首先在CSS部分增加一个.clear类别及样式。

```
.clear{
    clear:both;
}
```

然后将3号div的类别如下设置：

```
<div class="contentBox orange clear">
    ……
</div>
```

　　这时3号div就清除了前面所有浮动盒子对它的影响，按照#narrow、1号div和2号div三者的底端开始放置了。但是要注意的一点是，Firefox浏览器与IE浏览器（包括IE 6和IE 7）有所差别。在Firefox中，3号div设置了清除属性以后，后面的4号div和5号div会跟它对齐，如图3.38所示。而在IE中，4号div和5号div会向上移动，如图3.39所示。

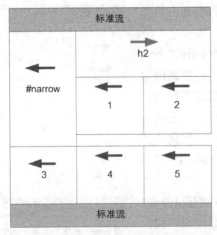
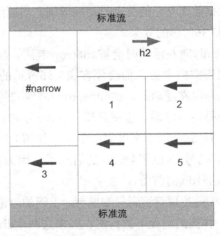

图 3.38　在 Firefox 中的效果　　　　　　　　　图 3.39　在 IE 中的效果

如果要在IE中也实现Firefox中的效果，可以在HTML中2号div和3号div之间增加一个空的div，对这个div使用clear属性。这样，它就是标准流方式的div了，从而可以隔离开下面这3个div，就可以保证在IE中产生如图3.38所示的效果了。

3.11 本章小结

在本章中，设计制作了一个生物研究机构的网站首页。希望读者通过对这个案例的学习，能够重点掌握浮动的性质、规律和用法。图3.40所示为本案例的效果，红色线框表示的是所有使用了浮动属性的元素，有h2标题、li列表项目和div。

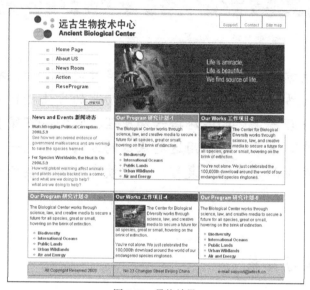

图3.40　最终效果

下面给读者留一些思考题。

（1）请读者对照本案例的源代码，在图中逐一确认每一个使用了浮动的元素。

（2）指出每一个浮动的元素的浮动方向，以及它对周围元素的影响。

（3）亲自动手修改一些元素的浮动方式，看一看效果将会有哪些改变，确保对CSS的重要基础——浮动有充分的理解。

如果读者不能正确回答以上问题，请务必仔细阅读本章以及其他更为基础的CSS书籍，以确保理解了这些基础原理之后，再继续下一章的学习。

第4章

教育公司网站布局

在前面两章中，分别重点介绍了"绝对定位"和"相对定位"两种重要的定位方式，以及如何使用"浮动"的方法进行页面布局。请读者务必真正理解上述的基础概念和原理，它们将贯穿在实际工作的每一个细节中。本章中将使用这些基本的方法，制作一个两列布局的案例，作为对上两章内容的复习。希望读者通过本案例熟练掌握这些基础内容。

课堂学习目标

- 掌握在CSS中使用背景图像的方法
- 理解实现圆角设计的技巧

4.1 两列布局

如果读者经常在网上浏览，就会发现，两列布局是各种布局形式中使用最普遍的一种，而且其表现形式也非常灵活。例如，图4.1中展示了两个页面，二者的HTML内容是相同的，但使用了两套完全不同的CSS设计，从而得到完全不同的设计风格。左边使用了相当简洁舒适的风格，而右边则使用了相当华丽的风格。两个页面尽管风格不同，但都很漂亮。

 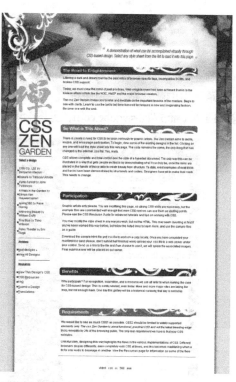

图 4.1　两列布局页面示例

说 明　这两个页面都是"CSS禅意花园"（http://www.csszengarden.com/）网站中的案例，对CSS禅意花园网站不是很了解的读者，可以参考人民邮电出版社出版的《CSS设计彻底研究》一书第2章的内容。

图4.1中的两个网页地址分别是http://www.csszengarden.com/?cssfile=205/205.css 和http://www.csszengarden.com/?cssfile=205/207.css。

图4.1中所示两个页面的共同点是：页面分为左右两栏，一栏较窄，用来放置目录、链接等内容，另一栏较宽，用来放置正文内容。

现在很流行的博客网站也大量使用两列布局，例如国内用户非常多的新浪博客（blog.sina.comc.cn）就使用两列布局。新浪博客的用户可以在很多种不同风格中选择自己喜欢的主题，例如图4.2所示的两个新浪博客页面使用了不同的主题。

图 4.2　新浪博客页面效果

本章的案例就是制作一个两列布局的页面，如图4.3所示。这个页面的风格，来源于Adobe实验室网站（http://labs.adobe.com，见图4.4）。我们就看一看如何实现这个网站。

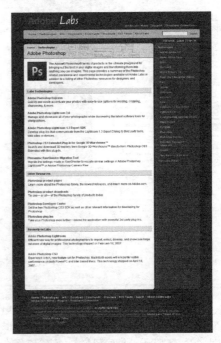

图 4.3　本章案例的页面

经验

关于学习方法，这里有4点建议供读者参考。

● 同样的一个设计方案，可以有很多种不同的实现方法，大家可以根据自己的理解来制作，不必寻求哪种方法是最好的，只要适合自己就可以，但是读者应该进行一些深入的思考。

● 读者在学习CSS和其他技术的时候，从模仿起步是一个好方法。就像古人说的，"熟读唐诗三百首，不会作诗也会吟"。事实上，本书的出发点也是为读者提供若干可供模仿和研究的样例，但书的篇幅总是有限的，而互联网是无限的，读者完全可以在有了一定基础之后，选择一些自己喜欢的网页进行认真的分析和研究，相信会有很大的收获。

● 模仿的目的是学习，学习的目的是创作。因此读者看到好的设计，可以学习，但是在实际工作中，要避免直接使用或生搬硬套，而要融入自己的思想和设计，这样才是更高层次的理解。

● 在实际工作的时候，务必保证不侵犯他人的知识产权。

4.2 案例描述

本案例的学习从研究开始，研究的对象就是"Adobe实验室"的网站。相信本书的大多数读者对Adobe公司应该都不陌生，著名的Photoshop，Flash，Illustrator和Dreamweaver等众多软件都是该公司的产品。

"Adobe实验室"（Adobe Labs）是Adobe公司网站的一个子网站，主要用于介绍一些仍处于研究和开发阶段的新技术、新产品的信息。图4.4左图所示为Adobe实验室网站的首页，该首页使用的是3列均分的布局形式，读者是否觉得这种分列的布局形式和上一章中我们举的案例有些相似之处呢？本案例重点研究从首页进入某一项技术介绍以后的页面，图4.4右图所示为关于Spry框架的相关技术，它使用了两列布局形式。

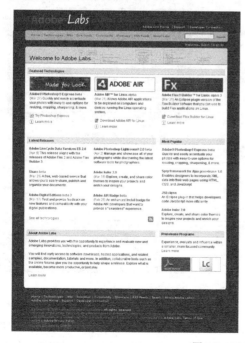 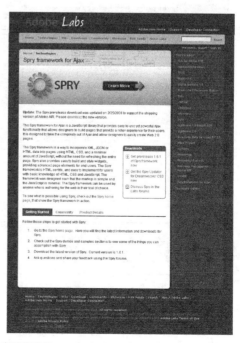

图 4.4   Adobe 实验室网站

现在很多技术型公司都会有"实验室"项目，用于发布关于本公司的新技术信息，例如"Google实验室"（http://labs.google.com）是其中较早也较知名的一个，如图4.5所示。该页面秉承Google的简洁风格，分为左右两列，一列是正在实验室中研究的项目，另一列称为"毕业生"，也就是已经正式发布了的项目。从中也可以看到，两列布局是一种被广泛使用的布局形式。

再如，图4.6所示的则是雅虎公司的实验室网站http://labs.yahoo.com/，其口号是"发明互联网的未来"（Inventing the Future of the Internet）。可以看出，这个页面更接近于我们上一章案例的形式。

借鉴

图 4.5　Google 实验室的网页

图 4.6　雅虎实验室的网页

4.3　内容分析

仍然像第3章的案例一样，先来明确首页上要展示的内容是什么。我们直接列出了需要在页面上放置的内容，读者也可以从中清楚地看出搭建这个页面的HTML结构。该网页在没有使用任何CSS设置的情况下，使用浏览器观察的效果如图4.7所示，用绿色半透明的区块表明了各个部分。

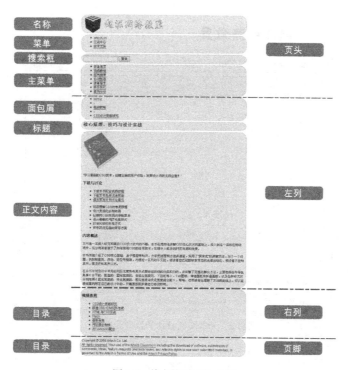

图 4.7　基本的 HTML 结构

从图中可看出，一共有9个部分。其中有的用一个HTML标记就可以包括，例如h1标题等；有的需要用一个ul列表来完成，如顶部导航条和主导航条；还有的需要一组标记来完成，例如研究计划等部分，在该部分中，既有标题，又有文字段落。

因此，建议读者在实际工作中，先构建出整个HTML结构。建立好整个HTML之后，再开始进行布局和其他CSS的设置。虽然这些代码结构并不复杂，罗列出来却很长，会占用较长的篇幅，也不便于读者阅读和学习，因此我们还是像上一章那样，从页面的最上端开始依次讲解。对于每一个部分，我们先列出HTML代码，然后讲解它的相关CSS设置方法和原理。

 原型设计

上面列出的是单纯的HTML结构，按照工作流程，下面应该设计出一个网页的原型线框图，如图4.8所示。原型设计可以使自己对各个部分的位置关系一目了然。

从这个图中可以看出，内容要比上一张复杂不少，更为重要的一点是，我们必须要考虑每一个部分的扩展情况，例如主菜单以后有可能会增加菜单项目，因此不能把主菜单部分的

高度固定死。如果读者使用过表格布局就会知道，使各个部分的高度可以变化是很麻烦的一个问题，那么在CSS布局中，又会如何呢？

图 4.8　为本案例设计的原型线框图

 CSS 技术准备——在 CSS 中使用背景图像

在前面的案例中，我们已经用到了设置背景颜色和背景图像的方法，但是没有进行深入的讲解，这里对此进行一些说明。在CSS中，分别使用background-color和background-image属性来对背景颜色和背景图像进行设置。

4.5.1　设置平铺方式

背景图像在默认情况下，会自动向水平和竖直两个方向平铺。如果不希望平铺，或者只希望沿着一个方向平铺，可以使用background-repeat属性来控制。该属性可以设置为以下4种之一。

- repeat：沿水平和竖直两个方向平铺，这也是默认值。
- no-repeat：不平铺，即只显示一次。
- repeat-x：只沿水平方向平铺。
- repeat-y：只沿竖直方向平铺。

例如首先准备一个如图4.9所示的图像。

然后，对body元素设置如下CSS样式。

图 4.9　渐变色构成的背景图像

```
body{
    background-image:url(bg-grad.gif);
}
```

这时效果如图4.10所示。可以看到，背景图像沿着竖直和水平方向平铺。

这时将上面的代码改为

```
body{
    background-image:url(bg-g.jpg);
    background-repeat:repeat-x;
}
```

这时背景图像只沿着水平方向平铺，效果如图4.11所示。

图 4.10　设置背景颜色后的效果

图 4.11　水平方向平铺背景图像的效果

在CSS中还可以同时设置背景图像和背景颜色，这样，背景图像覆盖的地方就显示背景图像，背景图像没有覆盖到的地方就按照设置的背景颜色显示。例如，在上面的body元素的CSS设置中，将代码修改为

```
body{
    background-image:url(bg-g.jpg);
    background-repeat:repeat-x;
    background-color:#D2D2D2;
}
```

这时效果如图4.12所示。顶部的渐变色是通过背景图像制作出来的，而下面的灰色则是通过背景颜色设置的。

这里还使用了一个非常巧妙的技巧。可以看到图4.12中的背景色过渡非常自然，在渐变色和下面的灰色之间，并没有一个明显的边界，这是因为背景颜色正好设置为背景图像中最下面一排像素的颜色。这样可以制作出非常自然的渐变色背景，而且无论页面多高，颜色都可以一直延伸到页面最下端。

图4.13所示为一个使用了这种技巧的非常精致

图 4.12　同时设置背景图像和背景颜色后的效果

93

的网页。读者可以访问http://www.csszengarden.com/?cssfile=095/095.css，查看详情。

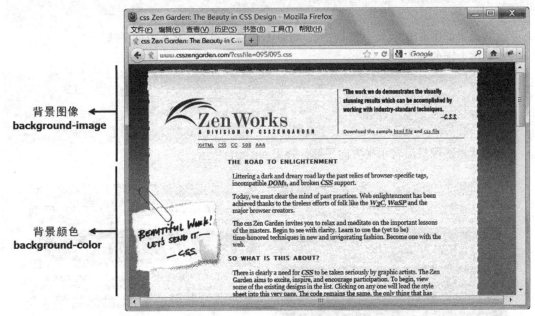

图 4.13　CSS 禅意花园的 158 号作品效果图

4.5.2　设置背景图像的位置

下面来研究一下背景图像的位置，假设将网页的**body**元素设置如下CSS样式。

```
body{
    background-image:url(photo.gif);
    background-repeat:no-repeat;
    }
```

这时背景图像设置为不平铺。这个图像是整个页面的背景图像，因此在默认情况下，背景图像将显示在元素的左上角。

如果希望背景图像出现在右下角或其他位置，又该如何设置呢？这需要用到另一个CSS属性——background-position。假设将上面的代码修改为

```
body{
    background-image:url(photo.gif);
    background-repeat:no-repeat;
    background-position:right bottom;
    }
```

这时效果如图4.14所示。

即在background-position属性中设置两个值。

● 第1个值用于设定水平方向的位置，可以选择"left"（左）、"center"（中）或"right"（右）之一。

● 第2个值用于设定竖直方向的位置，可以选择"top"（上）、"center"（中）或"bottom"（下）之一。

此外，还可以使用具体的数值来精确地确定背景图像的位置。例如，将上面的代码修改为

```
body{
    background-image:url(photo.gif);
    background-repeat:no-repeat;
    background-position:200px 100px;
    }
```

这时效果如图4.15所示。图像距离上边缘为100像素，距离左边缘为200像素。

图 4.14　将背景图像放在右下角

图 4.15　用数值设置背景图像的位置

最后要说明的是，使用数值的方式，除了可以使用百分比作为单位，还可以使用各种长度作为单位。使用百分比作为单位，则是特殊的计算方法。例如将上面的代码修改为

```
body{
    background-image:url(photo.gif);
    background-repeat:no-repeat;
    background-position:30% 60%;
    }
```

这里前面的30%表示，在水平方向上，背景图像的水平30%的位置与整个元素（这里是body）水平30%的位置对齐，如图4.16所示。竖直方向与此类似。

这里总结一下background-position属性的设置方法。background-position属性的设置也是非常灵活的，可使用长度直接设置，相关设置值见表4.1。

图 4.16　使用百分比设置背景图像的位置

表 4.1　　　　　　　　　background-position 属性的长度设置值

设 置 值	说 明
X（数值）	设置网页的横向位置，其单位可以是所有尺度单位
Y（数值）	设置网页的纵向位置，其单位可以是所有尺度单位

也可以使用百分比来设置，相关设置值见表4.2。

表 4.2	background-position 属性的百分比设置值
设　置　值	说　明
0% 0%	左上位置
50% 0%	靠上居中位置
100% 0%	右上位置
0% 50%	靠左居中位置
50% 50%	正中位置
100% 50%	靠右居中位置
0% 100%	左下位置
50% 100%	靠下居中位置
100% 100%	右下位置

也可以使用关键字来设置，相关设置值见表4.3。

表 4.3	background-position 属性的关键字设置值
设　置　值	说　明
top left	左上位置
top center	靠上居中位置
top right	右上位置
left center	靠左居中位置
center center	正中位置
right center	靠右居中位置
bottom left	左下位置
bottom center	靠下居中位置
bottom right	右下位置

background-position属性可以设置以上设置值，同时也可以混合设置，如"background-position：200px 50%"，只要横向值和纵向值以空格隔开即可。

4.5.3　背景的简写

就如同font，border等属性在CSS中可以简写一样，背景样式的CSS属性也可以简写。例如下面这段样式使用了4条CSS规则。

```
body{
background-image:url(bg-grad.gif);
background-repeat:repeat-x;
background-color:#3399FF;
background-position:right bottom;
}
```

它完全等价于如下的一条CSS规则。

```
body{
background: #3399FF  url(bg-grad.gif)  repeat-x  right bottom;
}
```

<table>
<tr><td>注 意</td><td>属性之间用空格隔开。</td></tr>
</table>

4.5.4 图像的固定设置

当在网页上设置背景图像时，随着滚动条的移动，背景图片也会跟着一起移动。例如图4.17中所示，拖动滚动条时，背景图像一起移动。

使用CSS的background-attachment属性可以把它设置成固定不变的效果，使背景图像固定，而不跟随网页内容一起滚动。首先把上面的代码修改为

```
body{
    background-image:url(photo.gif);
    background-repeat:no-repeat;
    background-position:30% 60%;
    background-attachment:fixed;
    }
```

这时效果如图4.18所示。可以看到拖动浏览器的滚动条，虽然网页的内容移动了，但是背景图像的位置固定不变。

图 4.17 背景图像会随页面一起移动　　　　　图 4.18 将背景图像固定在浏览器视口

上面介绍了在CSS中设置背景图像和背景颜色的方法，下面开始制作本章的案例。

4.6 制作标题图像

这个设计需要的美工配合也不多，例如网站Logo和网页标题使用一个图像做文字的图像

替换，这个方法在前两个案例中已经多次使用，如图4.19上图所示。注意本案例的一个特殊之处在于使用了深色背景，这时制作标题图像的时候，为了使图像的颜色更好地融合到背景中，可以将图像制作为透明背景的图像，如图4.19下图所示。当背景的深灰色变透明以后，图像和文字周围会出现一些锯齿，这是边缘的过渡色。

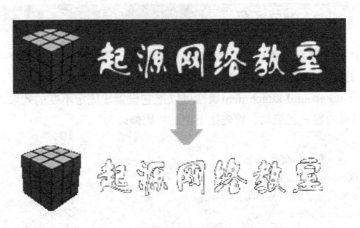

图 4.19　标题图像

设置透明色的方法是，在Photoshop中选择"文件"菜单中的"存储为Web和设备所用格式"命令，在"存储为Web和设备所用格式"对话框右侧上边的"格式"下拉框中选择"GIF"或者"PNG8"格式，如图4.20所示。

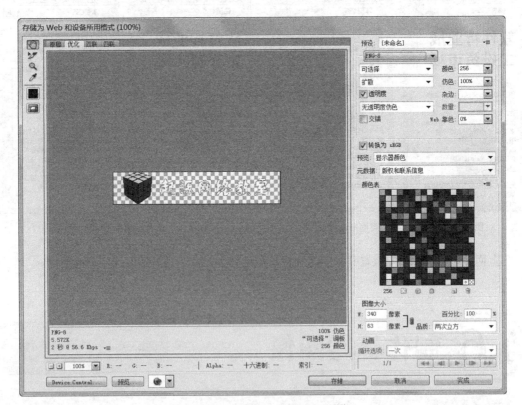

图 4.20　在 Photoshop 中输入透明图像

> **注 意**
>
> PNG又分为PNG8和PNG24这2种格式。
> ● PNG8可以使用索引透明,这时它就和GIF相同;也可以使用Alpha透明,即半透明。
> ● PNG24不支持透明,它和JPG格式的压缩方式类似。
> ● 使用PNG8格式的图像和GIF基本相同,最多256种颜色,因此不适用于颜色太多的图像。

4.7 CSS 技术准备——实现圆角设计

接下来介绍本案例中的一个重点问题。读者可以看到,这个方案中使用了圆角的设计,因此需要一定的美工配合来实现各个部分的圆角效果。

效果图中共有3个部分使用了圆角框,一个是上侧的主菜单,另外两个分别是左右两列。从最简单的想法出发,我们可以设想给一个矩形区域设置一个固定的圆角矩形的背景图像,就可以产生圆角效果。但是这样做的结果是这个区域的高度会固定,不能扩展,因为背景的圆角矩形已经固定。

因此,我们可以考虑使用两个背景图像来实现一个圆角框。将一个圆角矩形分为3个部分,然后把

图 4.21 一个圆角框由 3 个部分组成

上下两个部分导出为图像文件,如图4.21所示。如果中间部分是纯色,那么中间部分就不需要导出为图像了,因为可以在CSS中设置背景颜色。

> **说 明**
>
> 如果中间部分不是纯色,那么中间部分也要导出为图像,但不用很高,因为使用背景图像是可以竖向平铺的。

在了解了基本原理之后,我们来具体研究这个案例中的3个圆角框是如何实现的,其结构如图4.22所示。

首先在Photoshop中绘制好整个页面的效果,然后使用切片工具划定出各个切片的范围。绿色覆盖的部分就是各个切片。

为了使读者看得更清楚,这里将图像的局部进行了放大处理。可以看到一共设置了6个切片,将来也就会产生6个图像。

最上面的主菜单就像上面介绍的原理一样,将上端和下端的圆角分别导出为一个图像,菜单的中间部分是纯色,因此不需要导出为图像。

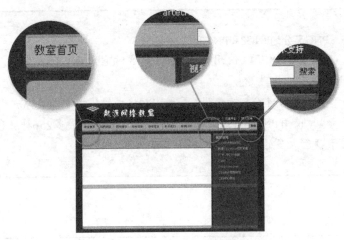

图 4.22　圆角框的实现方法

接下来，左右两栏的上端也都需要导出为一个图像，而二者的下端高度相同，因此可以把它们导出在一个图像中。最后要考虑中间部分，由于这里不是纯色，因此这里需要导出为一个用于平铺中间部分背景的图像，也就是图中中间的那个切片，它是同时兼顾左右两列的。

4.8　制作页头部分

页头部分是这个页面比较复杂的部分，其最终效果如图4.23所示。它包括了标题、顶部菜单、主菜单和搜索框4个部分；另外，主菜单和搜索框还要置于一个圆角框中。

图 4.23　页头部分的最终效果

4.8.1　搭建页头部分的 HTML 结构

下面先来解决header部分，header部分的HTML代码如下。

```
<div id="header">
    <h1><span> 前沿视频教室 </span></h1>
    <ul id="topMenu">
        <li class="firstChild"><a href="#">artech.cn</a></li>
        <li><a href="#"> 交流中心 </a></li>
        <li><a href="#"> 技术支持 </a></li>
```

100

```
    </ul>
    <div id="mainMenu-outer-wrapper">
    <div id="mainMenu-inner-wrapper">
        <ul id="mainMenu">
            <li class="firstChild"><a href="#"> 教室首页 </a></li>
            <li><a href="#"> 视频教程 </a></li>
            <li><a href="#"> 图书推荐 </a></li>
            <li><a href="#"> 你问我答 </a></li>
            <li><a href="#"> 读者留言 </a></li>
            <li><a href="#"> 联系我们 </a></li>
            <li class="lastChild"><a href="#"> 案例分析 </a></li>
        </ul>
        <form id="searchBox" id="labs-search" name="labs-search" method="get" action="">
                <input type="text" class="textfield" name="term" />
                <button type="submit" id="submit"> 搜索 </button>
        </form>
<div class="clearBoth"></div>
</div>
</div>
</div>
```

如果读者有了前两个案例的基础，阅读和分析上面的代码应该会很轻松。

 　　需要特别注意的是，在主菜单（即<ul id="mainMenu">）的外面套了两层div，其具体作用就是实现圆角框，具体的分析后面会详细讲解。

首先对body元素的整体进行设置，这里设置文字的字体，文字的大小为12像素，行高为文字大小的1.5倍。代码如下：

```
body{
    font-family: Verdana, Arial, Helvetica, sans-serif;
    font-size:12px;
    line-height:1.5;
    background-color:#444;
    margin:0;
}
```

接下来确定div#header的整体属性，设定宽度，居中对齐，设置文字颜色。代码如下：

```
#header {
    width: 756px;
    margin: 0 auto;
    color:#bbb;
    position: relative;
}
```

这里给读者的思考题是：为什么要将position属性设置为relative？掌握了前两个案例的读者一定会知道，这是为后面的顶部菜单作定位用的，它使div#header成为顶部菜单的定位基准。如果读者对此不是十分清楚，请务必先回到前两章，彻底读懂之后再学习本章。

4.8.2　页面标题的图像替换

对于h1标题的文字替换，也已经多次使用了，这里仅列出代码，不再详细解释。

```
h1{
    margin:10px 0 0 0;
    height:63px;
    background-image:url('logo.gif');
    background-repeat:no-repeat;
}


h1 span{
    display:none;

}
```

4.8.3　顶部菜单

接下来设置顶部菜单。使用绝对定位，可以把它固定在标题的右侧。具体代码如下：

```
#topMenu{
    margin:0;
    padding:0;
    position:absolute;
    list-style-type:none;
    right:10px;
    top:50px;
}

#topMenu li{
    float:left;
    border-left:1px white solid;
}


#topMenu li a{
    padding:0 10px;
    color:white;
    text-decoration:none;
```

```
}

#topMenu li a:hover{
    background-color:#000;
}

#topMenu li.firstChild{
    border:none;
}
```

这时，标题和顶部菜单设置完成后的效果如图4.24所示。

图 4.24　标题和顶部菜单设置完成后的效果

4.8.4　主菜单

接下来，就要设置主菜单部分了。主菜单部分需要实现圆角效果，在实现圆角效果之前，我们先来把菜单和搜索框的内容布置好，然后再给它设置圆角。

在主菜单区域包括左右两部分，左边是菜单，右边是搜索框。首先设定菜单部分的宽度和文字颜色，这个菜单是使用ul列表实现的。代码如下：

```
ul#mainMenu{
color:#000;
width:500px;
}
```

然后设置列表项，将其设置为向左浮动，从而使原来竖直排列的列表变为水平排列。去掉列表项目前面的圆点，设置左右边框，这里将右边框的颜色设置为深一些的灰色，左边框的颜色设置为浅一些的灰色，当两个列表项目相邻时，左边项目的右边框和右边项目的左边框就会紧靠在一起，这时颜色的差异就会产生立体的效果，看上去就好像菜单项目之间的分隔线是凸起的。

```
ul#mainMenu li{
    float:left;
    list-style-type:none;
    border-left:1px #aaa solid;
    border-right:1px #eee solid;
    back-groundcolor:#ccc;
}
```

然后需要把最左边项目的左边框和最右边项目的右边框去掉，这时可以对最左和最右的两个项目分别单独设置，这个技巧在前面也使用过了。

```
#mainMenu li.firstChild{
    border-left:none;
}
```

```
#mainMenu li.lastChild{
    border-right:none;
}
```

接下来，设置菜单项目的链接文字以及鼠标指针经过时的效果。代码如下：

```
#mainMenu li a{
display:block;
padding:5px 10px;
color:#333;
text-decoration:none;
}


#mainMenu li a:hover{
background-color:#eee;
}
```

这时效果如图4.25所示。

图 4.25　设置主菜单后的效果

4.8.5　搜索框

设置好主菜单以后，再来设置搜索框。为了使搜索框靠右对齐，使用向右浮动的设置。代码如下：

```
#searchBox{
    float:right;
    background-color:#CCC;}
```

接下来使按钮看起来像普通文字，进行如下设置。

```
#searchBox #submit {
background: transparent;
border: 0;
margin: 0;
padding: 0;
}


form#searchBox input.textfield,
form#searchBox button {
margin: 0;
padding: 0;
}
```

这时效果如图4.26所示。

图 4.26　设置搜索框后的效果

这里要注意一点，菜单部分向左浮动，搜索框部分向右浮动，在HTML部分，这里要把搜索框部分的代码放在菜单部分的前面。示意代码如下：

```
<form>
    …
</form>
<ul>
    …
</ul>
```

这样可以保证两个部分在同一水平位置，否则在IE中搜索框将在菜单的下面。这是因浏览器对浮动的解释不同造成的。

4.8.6　页头部分的圆角框

下面的任务就是要给主菜单和搜索框外面套一个圆角框。这里需要使用两个背景图像，因此必须要有两个HTML元素，我们使用两层div。代码如下：

```
<div id="mainMenu-outer-wrapper">
<div id="mainMenu-inner-wrapper">
    <ul id="mainMenu">
        <li class="firstChild"><a href="#"> 教室首页 </a></li>
        …
        <li class="lastChild"><a href="#"> 案例分析 </a></li>
    </ul>
    <form id="searchBox" id="labs-search" name="labs-search" method="get" action="">
        …
    </form>
</div>
</div>
```

然后分别设置二者的CSS样式，其原理如图4.27所示。

两个div分别设置背景图像，通过background-position属性分别把背景图像设置在div的上端和下端，再设置适当的padding就可以实现圆角的效果了。代码如下：

```
#mainMenu-outer-wrapper{
background-color:#ccc;
background-image:url('main-menu-top.gif');
background-repeat:no-repeat;
padding-top:3px;
margin-top:10px;
}
```

```
#mainMenu-inner-wrapper{
background-image:url('main-menu-bottom.gif');
background-repeat:no-repeat;
background-position:bottom;
padding-bottom:7px;
}
```

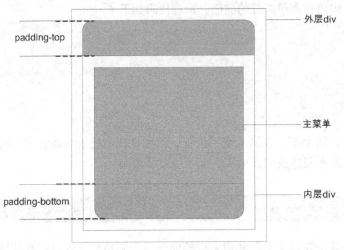

图 4.27　设置圆角框的示意图

这时的效果如图4.28所示。

图 4.28　不完善的圆角框效果

可以看到，这里还没有完全实现正确的效果，其中的原因是什么呢？下端的背景图像并没有出现在菜单的下面，而是紧靠着上端的圆角图像，这是由于在这两个外层的div中，菜单和搜索框这两个div都是浮动的盒子，脱离了标准流，因此高度收缩为零了。

找到了原因，也就找到了解决方法，增加一个空的div，并设置清除属性。代码如下：

```
<div id="mainMenu-outer-wrapper">
<div id="mainMenu-inner-wrapper">
    <ul id="mainMenu"> … </ul>
    <form id="searchBox"> … </form>
    <div class="clearBoth"></div>
</div>
</div>
```

CSS属性为：

```
.clearBoth{
    clear:both;
}
```

这样就可以得到正确的效果了，如图4.29所示。如果读者对其中的原理还不是很清楚，请仔细阅读上一章中对于浮动的介绍。

图 4.29　修正后的圆角框效果

4.9　制作主体部分

下面制作主体部分，在写HTML代码之前，应该先分析一下各个部分的层次关系。

4.9.1　结构分析

通常来说，对于上面有页头、下面有页脚、中间分两列的布局，可以使用如图4.30所示的布局形式。

为了使中间的div#content和div#sideBar并列，可以先把它们放入一个div中（这里id为"#content"），然后对其使用浮动方式。如果在HTML中，#content写在#sideBar的前面，那么使#content向左浮动，然后#sideBar向左或者向右浮动都可以。

但是这里要特别注意一点，#content的宽度与#sideBar的宽度之和一定要小于或等于#container的宽度，否则后面的div就会被挤到下一行了。注意计算这里的宽度时要把margin和padding都包括在内。

此外，本案例中使用的方法有一个特殊之处。前面在Fireworks中制作圆角背景图像时曾经提到，我们把左右两列下端的圆角图像切在了同一幅图像上，就必须要考虑到，用哪个元素放置这个图像呢？一种办法是像上面制作主菜单那样，在#container外面再套一层div，用以放置下端的背景图像；另一种办法就是借用#footer这个div，来放置下端的背景图像。

另外需要注意的一点是，图中的#container中包含的两个div（#content和#sidebar）都是浮动的盒子，因此#container这个div本身的高度为零，可是我们还需要在#contatiner中放置竖直平铺背景，因此必须要使#container的高度可以随着里面的内容高度变化而扩展。

因此，我们可以把上面的结构改为如图4.31所示的形式。

也就是把#footer这个div放于#container里面，并为#footer设置清除属性，这样就可以满足上面的要求了。

根据上面的分析，搭建HTML如下。

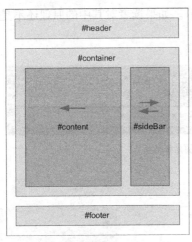

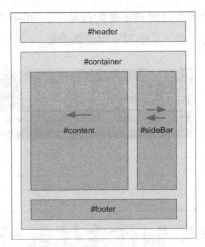

图 4.30　常见的两列布局形式　　　　　　图 4.31　本案例使用的两列布局形式

```html
<div id="container">
    <div id="content">
        <ul id="depthPath">
                <li><a href="#">home</a></li>
                …
                <li><a href="#">CSS 设计彻底研究 </a></li>
        </ul>
        <h2> 核心原理、 技巧与设计实战 </h2>
        <div id="contentBody">
            …
        </div>
    </div>
      <div id="sideBar">
      </div>
    <div id="footer"></div>
</div>
```

以上HTML正是根据图中的结构搭建的。下面设置CSS代码。首先设置外层的#container的属性，固定宽度，居中对齐，使用中间平铺的背景图像作为背景，并设置竖直方向平铺。

```css
#container{
margin: 0 auto;
width: 758px;
background:#444 url('background-2-cols.gif') repeat-y;
}
```

然后设置左右两列的属性。分别固定宽度，这两个宽度相加正好等于#containtner的宽度。左列向左浮动，右列向左或向右浮动均可，并分别使用各自顶部的背景图像。设置为"不平铺"，设置必要的padding。代码如下：

```css
#content{
    width:521px;
    float:left;
    background:transparent url('cap_content.gif') no-repeat;
```

```
    padding:0px 20px 0px;
}


#sideBar{
    width:187px;
    float:right;
    background:transparent  url('cap_sideBar.gif') no-repeat;
    padding:13px 2px 0px;
}
```

这时左右两列的布局已经完成了，但是还看不到效果，待下面增加内容之后，就可以看到了。

4.9.2　面包屑导航

什么是面包屑型网站导航链接呢？读者可能没有听说过这个名字，但是一定看到过。在很多网站上都会有一串指示访问者当前位置的文字，例如"首页 > 科技 > 互联网 > Web 2.0 > CSS > 盒子模型"，这就表示访问者正在浏览的网页处于整个网站的哪个细分类别中。通常访问者可以点击这一系列词语中的任何一个，以跳转到相应的页面。

这种导航方式之所以被称为面包屑导航，是因为在童话故事《汉泽尔和格雷特尔》中，当汉泽尔和格雷特尔穿过森林时，他们在沿途走过的地方都撒下了面包屑，后来正是根据这些面包屑找到了回家的路。因此网站设计者从中受到了启发。在结构上纵深的网站应该采用这种"面包屑"形式的结构，以足迹的方式呈现用户走过的路径，或者说以层层渐进的方式呈现该网页在整个网站架构中所处的位置，从而为用户提供清晰分明的网站导览。

面包屑导航让用户对他们所访问的页面在网站层次结构上的关系一目了然，可以改善网站的实用性和易用性，同时也可以提高网站对搜索引擎的友好性。

因此在这里我们也使用了一个面包屑导航，是通过ul列表来实现的。相关的CSS代码如下：

```
#content #depthPath{
margin:5px 0 0 0;
padding: 0;
}


#content #depthPath li{
    display:inline;
}


#content #depthPath li a{
    color:#000;
}
```

4.9.3　设置正文标题

接下来，对正文的标题进行一些设置。代码如下：

```
#content h2{
    margin:0px;
    font-size:25px;
    font-family: 黑体 ;

}
```

4.9.4 设置页脚

最后设置#footer。设置清除属性、背景以及上侧的padding，这个padding的值正是背景图像的高度，以保证#footer中的内容不会压在背景图像上面。

```
#footer{
clear:both;
background:#444 url('bottom-2-cols.gif') no-repeat;
padding-top:15px;

}
```

这时的效果如图4.32所示。可以清晰地看出"面包屑"导航的作用。

图 4.32　左右两列布局完成后的效果

接下来，只需要在左列和右列中分别添加具体的文字或图像内容就可以了，圆角框会自动延伸。

4.9.5 添加页面内容

到这里，实际上页面布局已经完成，剩下的就是向#content，#sideBar和#footer中添加内容了。随着内容的增加，这两列的高度自然就会增加，圆角框始终会保持正确的状态。

例如，我们在#sideBar中增加一个ul列表，设置一些列表项目。代码如下：

```
<div id="sideBar">
 <ul>
     <li><a href="#">CSS 设计彻底研究 </a></li>
     <li><a href="#"> 精通 CSS+DIV 网页布局 </a></li>
     <li><a href="#">HTML 与 CSS 实战 </a></li>
     <li><a href="#">Flash</a></li>
     <li><a href="#">Dreamweaver</a></li>
     <li><a href="#">CSS 设计彻底研究 </a></li>
     <li><a href="#">CSS 核心基础 </a></li>
```

```
    </ul>
</div>
```

对CSS样式进行一些简单的设置。代码如下：

```
#sideBar ul{
    list-style-type:none;
    margin:0;
    padding:0;
}

#sideBar ul li{
border-top:1px #555 solid;
font-size:11px;
line-height:2em;
}

#sideBar li a{
display:block;
color:#CCC;
padding:0px 20px;
text-decoration:none;
height:1%;
}

#sideBar li a:hover{
    background-color:#6E6E6E;
}
```

这时效果如图4.33所示。可以看到，圆角框会自动扩展，效果很好。

图 4.33　在右列中加入列表后的效果

继续向#content列中增加内容，这里就不再赘述了，使用的都是基本的设置方法。图4.34显示的是在页面中填充了图文以后的效果，这样就形成了一个非常精致的页面。

需要指出的是，制作圆角框是CSS设计中十分常用的一个技术，实际上制作圆角框的方法非常多，各有各的适用范围。

上面使用的方式适用于这个案例，但是并不一定适用于其他的案例，例如要制作如图4.35所示的网页，用这种方式就比较困难了。因为尽管它也是两列布局，但是圆角并不是仅仅出现在最上端和最下端，而是一列中又分为几个圆角框，并且要求每个圆角框都可以自动变换高度。这时就需要设计出宽度和高度都可以随着内容变化的圆角框了。

图 4.34　最终效果

图 4.35　更为复杂的两列布局网页

4.10　本章小结

　　本章介绍了一种常见的两列布局形式，以及一种圆角框的制作方法。实际上CSS对页面的布局是非常灵活的，对于多列布局以及圆角框的实现，有着很多不同的方法。读者随着学习的不断深入，应该不断地总结，并寻找其中的规律，这样才能在工作中根据不同的实际情况，灵活地选择最适当的方法。

第5章

网上书店布局

随着互联网的发展，电子商务的应用越来越广泛。本章中，我们就从零开始，分析、策划、设计并制作一个完整的电子商务案例。这个案例是为一个假想的名为"ABC Bookstore"的网上书店制作一个网站。

课堂学习目标

- 掌握使用滑动门技术制作导航菜单
- 制作可以适应变化宽度的圆角框

5.1 案例描述

本案例完成后的首页效果如图5.1所示。

图 5.1 完成后的首页效果

　　这个页面竖直方向分为上、中、下3个部分，其中上、下两个部分的背景在水平方向会自动延伸。中间的内容区域分为左、右两列，右列为主要内容，左列由若干个圆角框构成，分别放置搜索、分类和提示信息等内容。

　　此外，这个页面具有很好的交互提示功能。例如，在页头部分的导航菜单具有鼠标指针经过时发生变化的效果，如图5.2所示。另外，读者可以看到，这里的菜单项圆角背景会自动适应菜单项的宽度，例如右侧的"帮助中心"比"账号"宽一些。

　　在页面下侧的相关推荐部分，当鼠标指针经过某个产品图像时，产品图片周围的边框颜色会发生变化。

　　更为重要的是，这个页面具有非常好的可扩展性。上一章的案例，虽然也实现了圆角框的效果，但是无法灵活地增加页面模块。例如，比较图5.3和图5.1，可以看到，图5.3页面的左列增加了"十大畅销书"模块，右列增加了"最受欢迎"和"新品推荐"两个模块。而增加这些内容都非常方便，不需要修改任何CSS设置，只需要在HTML代码中简单地增加相应内容即可实现。

图 5.2　具有鼠标指针经过时发生变化效果的导航菜单

图 5.3　增加了内容的页面

5.2 内容分析

在进行具体设计之前，先来看几个著名商务网站的页面有什么特点和规律可以借鉴。

图5.4所示为"京东商城"（www.360buy.com）网站的首页，它是国内最大的综合型购物网站之一。读者在研究一些成功网站的时候，不要仅仅关注这些网站的设计风格和技术细节，而要从更深的角度观察它们，这样才能更好地掌握核心的东西。例如，从图5.4中可以看到，这个页面尽管内容非常多，但简单来说就分为两大类——"分类链接"和"推荐商品链接"。

图 5.4 "京东商城"网站的首页

我们再仔细想一想，当我们走进一个实体商场的时候，我们看到的是什么？是不是分门别类的货架以及很多宣传海报？网上商店不是恰恰与此十分类似吗？

这里我们似乎谈论了很多与HTML和CSS无关的内容，而实际上这些正是我们使用HTML和CSS的目的。任何现代化的新技术都要和生活很好地匹配，才会得到最好的效果，有人把这一点形容为"鼠标加水泥"的模式。这告诉我们很重要的一点，对于一个网站而言，最重要的核心不是形式，而是内容。作为网页设计师，在设计各网站之前，一定要先问一问自己是不是已经真正地理解了这个网站的目的，只有这样才有可能做出一个成功的网站；否则无论网站多漂亮、多花哨，都不能算作成功的作品。

上面显示的是"京东商城"的页面，下面再来看另一个国际知名的大型书店"巴诺书店"网站的首页，如图5.5所示。它与京东商城的不同在于，京东商城从一开始就是一个电子商务公司，完全通过互联网进行销售，而巴诺书店则是美国最大的一个传统图书连锁店，就像麦当劳一样遍布美国的各个城市，在互联网成熟以后，巴诺书店也开始通过互联网进行销售。因此，巴诺书店也是一个传统企业信息化的范例。

图 5.5　美国著名的"巴诺书店"网站的页面

分析巴诺书店网站的首页，我们同样可以看到，用户可以以搜索和分类两种方式找到自己的图书，此外页面上的很多区域向读者推荐了一些图书。从功能上来说，这类电子商务网站是非常相似的，不同的只是表现形式。

现在考虑我们的网站要展示哪些内容：即先想清楚这个网站的内容是什么？通过一个网页要传达给访问者什么信息？这些信息中哪些是最重要的，哪些是相对比较重要的，以及哪些是次要的？这些信息应该如何组织呢？

在页面中，首先要有明确的网站名称和标志；此外，要提供给访问者方便地了解这个网站所有者自身信息的途径。接下来，这个网站的根本目的是要销售商品，因此必须要有清晰的产品分类结构，并有合理的导航栏。对于网上商店来说，产品通常都是以类别组织的，而在首页上通常会展示一些最受欢迎和重点推荐的产品，因为首页的访问量会明显比其他页面大得多，而这相当于广告。

为了演示清楚，这里并不制作非常庞大的页面，它包括以下内容。

- 标题
- 标志
- 主导航栏
- 自身介绍
- 账号登录与购物车
- 本周推荐（1种）
- 新书上市（1种）
- 相关推荐（4种）
- 搜索框
- 类别菜单
- 特别提示信息
- 版权信息

5.3 HTML 结构设计

在理解了网站的基础上，我们开始搭建网站的内容结构。现在不要管CSS，而是完全从网页的内容出发，根据上面列出的要点，通过HTML搭建出网页的内容结构。

图5.6所示的是搭建的HTML在没有使用任何CSS设置的情况下，使用浏览器观察的效果（由于页面太长，图中省略了一些图像和文字）。实际上图中显示的就是前面的图在不使用任何CSS样式时的效果。在图中，左侧表示了各个项目的成分，右侧说明相应的布局情况。

提示读者一点，任何一个页面，都应该尽可能保证在不使用CSS的情况下，依然保持良好的结构和可读性。这不仅仅对访问者很有帮助，而且有助于网站被Google、百度这样的搜索引擎了解和收录，这样对于提升网站的访问量可是至关重要的。

提示

"CSS裸体日"

设计师Dustin Diaz倡导了一个活动，称为"CSS裸体日"，在每年的4月9日，活动的参与者把自己的网站中所有的CSS全部移除一天，以"裸体"的HTML向访问者展现24个小时。

这个"CSS裸体日"活动的目的就是推动对Web标准的重视，对网站的语义和内容的强调。

读者可以参考Dustin Diaz的网站（naked.dustindiaz.com），如果有兴趣，可以在4月9日参加这个活动。

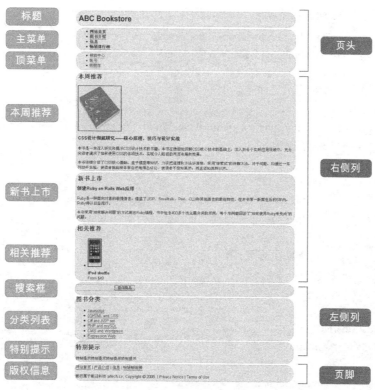

图 5.6　基本的 HTML 结构

那么这个HTML是如何搭建出来的呢？它的代码如下：

```
<body>
    <div id="header">
        <h1><span>ABC Bookstore</span></h1>
        <ul id="mainNavigation">
            <li class="current"><a href="#"><strong> 网站首页 </strong></a></li>
            ……省略重复部分……
        </ul>
        <ul id="topNavigation">
            <li><a href="#"><span> 帮助中心 </span></a></li>
            ……省略重复部分……
        </ul>
    </div>
<div id="content">
    <div id="mainContent">
        <div class="recommendation img-left">
            <h2> 本周推荐 </h2>
            <a href="#"><img src="book1.png"/></a>
            <h3>CSS 设计彻底研究——核心原理、 技巧与设计实战 </h3>
            <p> 本书是一本深……局和效果。 </p>
            <p> 本书详细介绍……其所以然。 </p>
        </div>
        <div class="recommendation img-right">
```

```
        <h2> 新书上市 </h2>
        <a href="#"><img src="book2.png"/></a>
        <h3> 创建 Ruby on Rails Web 应用 </h3>
        <p>Ruby 是一种面向对象……以日益流行。 </p>
        <p> 本书采用 "如何解决问……成" 的问题。 </p>
    </div>
    <div class="recommendation multiColumn">
        <h2> 相关推荐 </h2>
        <ul>
            <li>
                <a href="#"><div><img src="ex1.jpg"/></div></a>
                <p><strong>iPod shuffle</strong> <br/>From $49</p>
            </li>
            ……省略重复部分……
        </ul>
    </div>
</div>
<div id="sideBar">
    <div id="searchBox">
        <span>
            <form><input name="" type="text" />
            <input name="" type="submit" value=" 查询商品 " /></form>
        </span>
    </div>
    <div id="menuBox">
        <span>
        <h2> 图书分类 </h2>
        <ul>
            <li><a href="#">Javascript</a></li>
            ……省略重复部分……
        </ul>
        </span>
    </div>
    <div class="extraBox">
    <span>
        <h2> 特别提示 </h2>
        <p> 特别提示特别提示特别提示特别提示 </p>
    </span>
    </div>
    </div>
</div>
    <div id="footer">
        <p class="p1">……</p>
        <p class="p2">……</p>
    </div>
</body>
```

可以看到，这些代码非常简单，使用的都是最基本的HTML标记，包括<h1>、<h2>、<p>、<ul>、<form>、<a>、<img>。这些标记都是具有一定含义的HTML标记，也就是表示一定的含义。如<h1>表示这是1级标题，对于一个网页来说，这是最重要的内容，而在下面具体某一项内容，如"今日推荐"中，标题则用<h2>标记，表示次一级的标题。实际上，这很类似于我们在Word软件中写文档，可以把文章的不同内容设置为不同的样式，如"标题1"、"标题2"等。

请读者仔细读一遍上面的代码，了解这个网页的基本结构。接下来，我们就要考虑如何把它们合理地放置在页面上了。

5.4 原型设计

首先，在设计任何一个网页之前，都应该先有一个构思的过程，对网站的完整功能和内容作一个全面的分析。如果有条件，应该制作出线框图，这个过程专业上称为"原型设计"。例如，在具体制作网页之前，我们就可以先设计一个如图5.7所示的网页原型线框图。

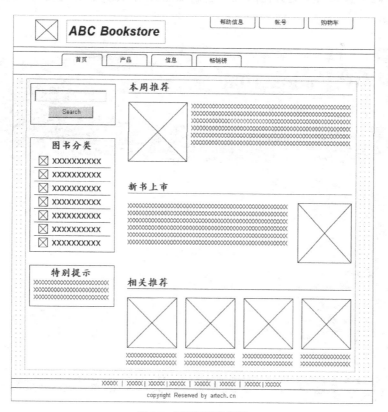

图 5.7　网页原型线框图

网页原型设计也是分步骤实现的。例如，首先可以考虑，把一个页面从上至下依次分为3

个部分，然后在每个部分逐步细化，如页头部分。中间的内容部分分为左右两列。

> **提示**
>
> 　　如果是为客户设计的网页，那么使用原型线框图与客户交流沟通是最合适的方式，既可以清晰地表明设计思路，又不用花费大量的绘制时间。因为原型设计阶段，往往要经过反复修改，如果每次都使用完成以后的设计图交流，则反复修改需要大量的时间和工作量。在设计的开始阶段，交流沟通的中心往往并不是设计的细节，而是功能、结构等策略性问题，所以使用这种线框图是非常合适的。

5.5 页面方案设计

　　接下来的任务就是根据原型线框图，在Photoshop或者Fireworks软件中设计真正的页面方案。具体使用哪种软件，可以根据个人的习惯来选择。对于网页设计来说，推荐使用Fireworks，因为它有更方便的矢量绘制功能。图5.8所示的就是在Fireworks中设计的页面方案。

图 5.8　在 Fireworks 软件中设计的页面方案

　　可以看到，实际上并不需要把所有的内容都在Fireworks中绘制出来，而只绘制出需要的部分即可。

由于篇幅限制，因此关于如何使用Fireworks绘制完整的页面方案，本书就不再详细介绍了。如果读者对美工软件还不熟悉，可以参考相关图书。

在这里要重点介绍与此相关的两个问题，一是关于配色的问题，二是关于切片的问题。

5.5.1　配色的技巧

这一步的设计核心任务是美术设计，通俗地说就是要让页面更美观、更漂亮。在一些较大规模的项目中，通常都会有专业的美工参与，这一步是美工的任务。而一些小规模的项目，可能往往没有很明确的分工，一人身兼数职。对于没有很强美术功底的人来说，要设计出漂亮的页面并不是一件很容易的事情，因为美术的素养不像很多技术可以在短期内提高，它往往需要长时间的学习和熏陶才能到达一个比较高的水准。

就网页美工的设计而言，实际上最核心的一点就是配色。这也是很难用几条规则来概括的，即使能够归纳出几条，如协调、对比等，初学者也是很难进行实际操作的。因此，这里给初学者一些建议，这些建议不一定能使您做出非常精彩的页面，但是至少可以使您设计出来的页面不会太差。

使用多少种颜色合适呢？如果一个网页仅使用一种或两种颜色，对于一些大师来说，也可以做出非常好的效果，而对于普通初学者来说就会感觉单调了一些。那么3种呢？实际上对于初学者，3种颜色就已经显得太多了，因为3种颜色已经足以产生大量非常不好的搭配，如果我们对此没有足够的经验，就有可能设计不出好看的方案。因此，越是初学者，使用多种颜色的风险会越大。

一个比较安全的方法是使用"两种半颜色"，也就是先为一个网页选择两种颜色，这两种颜色反差要大一些，如选择蓝色和土黄色。然后，再把其中的一种颜色分出深、浅两种颜色，如这里将蓝色分为浅蓝和深蓝。这样一共得到了看起来是3种，实际上是两种颜色的组合，那么在整个页面中，就不再出现其他颜色了。当然，如果页面中使用了照片或装饰，其中的颜色就不在这3种颜色的范围内。图5.9所示的是使用这种方式选择不同的颜色组合。

图 5.9　设定的页面 "调色板"

在关于色彩的科学理论中，颜色有3个要素，称为"色相"（也称为色调）、"亮度"（也称为明度）和"饱和度"。

- 色相就是表示颜色的种类。如红色还是绿色，说的就是一种颜色的"色相"。
- 亮度表示的是一种颜色的深浅。如浅蓝要比深蓝的"亮度"高一些。
- 饱和度表示的是一种颜色的纯度，越是鲜艳的颜色，饱和度越高。把一幅彩色照片的饱和度逐渐降低，最终它就会变成黑白照片。

这里讲解颜色的三要素，目的是告诉读者，如果两种颜色的某两个要素值固定不变，另一种要素的值发生变化，产生的颜色通常是协调的。如在颜色面板中，选定一种颜色以后，调整右侧黑色三角的位置，得到的就是色相和饱和度相同而亮度不同的颜色，这样得到的新颜色和原来的颜色通常是协调的，如图5.10所示。

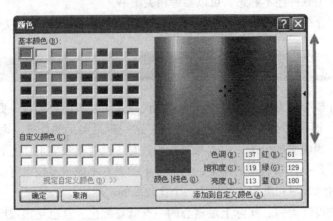

图 5.10　在颜色面板中选择颜色

例如，图5.11中的两种颜色也是浅蓝和深蓝，但是由于它们的色相不同，因此放在一起并不协调。而图5.12中的浅蓝和深蓝则是同色相下不同亮度的两种蓝色，它们配合在一起就很协调。

图 5.11　两种色相不同的蓝色　　　　　　　　　图 5.12　两种色相相同的蓝色

同理，在确定这"两种半"颜色中的两种基本色（蓝、黄）时，也可以遵循"相同亮度和饱和度，变化色相"的原则来选取。

现在观察图5.8中的效果，可以看到各种元素都是在使用图5.9中的3种颜色。

● 页头大面积使用浅绿色；

● 主导航栏使用深绿色和橙色；

● 标题使用灰蓝色；

● 侧边栏使用浅蓝色；

● 页脚的配色与导航栏相呼应。

我们可以把这种简单的方法称为"两种半颜色配色法"，这样整个页面的效果就非常容易达到协调的标准了。尽管它不像有的网页那样非常抢眼，但是有足够的整体感，达到了专业水准。这种效果对于大多数非美术专业出身的人来说也是完全可以做到的。

如何选择这"两种半"最基本的颜色呢？实际上很简单，我们随时可以观察生活中的例子，如时尚杂志、广告、大商场的橱窗和悬挂的宣传海报等。但是要注意一点，先判断一下这个样板的品位和档次是否足够。此外，就是去学习一些好的网站，看看有些什么可以借鉴的东西。总之，配色等一些纯美术的因素，我们或者请专业人士参与，或者慢慢学习提高，想短期内有明显的提高是比较难的。

由于篇幅和内容的限制，本书不再深入探讨配色等问题。在页面方案设计好之后，就要考虑如何把设计方案转化为实际网页了。接下来我们就要详细介绍具体的操作步骤了。

5.5.2 切片的技巧

就像前面的案例一样，在Fireworks中的设计图并不能直接转为网页，设计师必须根据情况，把完整的设计图切割成大小不等的切片图像，然后将其放置到页面中。因此，在确定如何切割的时候，就需要对将来如何使用这些切片做到心中有数。

切割原则有两条。

● 应该方便将来编写代码。

● 尽可能减小最终页面文件的大小，可以通过平铺的方式进行。

下面我们以页头部分为例来说明如何切片。希望产生的最终效果如图5.13所示。

图5.13 页头效果图

现在考虑如何进行切片，按照如下步骤思考。

首先研究一下页头部分的HTML代码。

```
<div id="header">
    <h1><span>ABC Bookstore</span></h1>
    <ul id="mainNavigation">
        <li class="current"><a href="#"><strong> 网站首页 </strong></a></li>
        ……省略重复部分……
    </ul>
    <ul id="topNavigation">
        <li><a href="#"><span> 帮助中心 </span></a></li>
        ……省略重复部分……
    </ul>
</div>
```

有如下一些选择器：

● 将整个header部分放入一个div中，为该div设定类别名称为"header"；

● 为主导航栏的列表设定类别名称为"mainNavigation"；

● 为主导航栏的第一个项目设定类别名称为"current"；

● 为公司介绍的链接列表设定类别名称为"topNavigation"。

接下来考虑背景如何处理。这里背景色是水平占满浏览器的，因此显然需要一个平铺的背景图像。我们可以在设计图中切出一个竖条，将来通过设置CSS使之水平平铺，如图5.14所示。

平铺→

图 5.14 切出一个竖条

接下来继续观察设计图。除了标题部分之外，还有两个装饰效果图，一个是白色的数学公式和地球仪的图案，另一个则是精美的插画配图。

因此这3个对象都要通过独立的元素被放置到适当的位置。

这里要特别注意两个问题。

（1）当一个图像与背景重叠放置的时候，要考虑是否需要把背景设为透明，透明背景的好处是可以更好地与图像融合。

（2）在必要时添加适当的HTML标记。例如，这里的标题可以像前面章节一样使用h1标题进行图像替换，另外两个图像则可以增加两个div，都使用绝对定位来进行定位。使用绝对定位的div之间可以重叠，因此调整起来也是很方便的，如图5.15所示。

图 5.15 规划各个元素的位置和层次

基于上面的分析，就可以在Fireworks中进行切片处理了。一共制作4个切片，分别和上面的4个图像相对应，如图5.16所示。

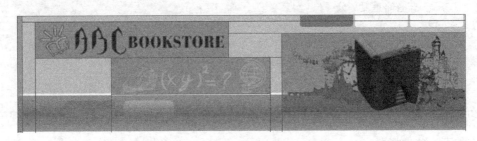

图 5.16 在 Fireworks 中制作的切片

学习到本章，读者已经有了一定的设计经验，因此从本案例开始，我们就不再给出全部的案例代码，而只给出重点的代码。如果读者对某些细节不是非常清楚，可以下载本书的文件详细代码。

页头部分具体的代码如下：

```
body{
margin:0;
background: white url('background-header.png') repeat-x;
font:12px/1.6 Arial;
```

```
    }

#header{
position:relative;
width:760px;
height:192px;
margin:0 auto;
font:14px/1.6 arial;
}

#header h1{
background:transparent url('h1.png') no-repeat bottom left;
height:63px;
margin:0;
padding-top:20px
}

#header h1 span{
display:none;
}

#header .decoration-1{
position:absolute;
background-image:url('decoration-1.png');
height:60px;
width:270px;
top:70px;
left:160px;
}
#header .decoration-2{
position:absolute;
background-image:url('decoration-2.png');
height:127px;
width:311px;
bottom:30px;
right:0px;
}
```

上面的代码一共有6段，简要分析如下：

第1段，在body中设置了平铺的背景图像；

第2段，设置了div#header的宽度，设置居中对齐；

第3段，对h1标题的文字进行图像替换；

第4段，h1的文字；

第5段，设置数学公式的装饰图像；

第6段，设置人物图的装饰图像。

5.6 使用滑动门技术制作导航菜单

在上面的步骤中，页头部分已基本完成，但还需要补充两个菜单：一个主菜单，一个顶部菜单。这两个菜单又是如何切片和实现鼠标指针交互效果的呢？

下面详细介绍制作其中一个菜单的方法和技术，另一个作为练习请读者自己完成。通过这个案例，请读者特别注意，一定要真正理解滑动门技术的原理。

现在来制作顶部菜单。我们可以考虑把菜单项的背景切片，然后把图像作为菜单项的背景就可以了。这样做是可以的，但是它存在着一个缺陷，就是无法适应不同宽度的菜单项。

在图5.13中的顶部菜单中，"帮助中心"、"账号"和"购物车"这3个菜单项的宽度都不一样，如图5.17所示。如果分别使用一个背景图像，就必须要分别为每一个菜单项制作一个背景图像，这样会很不灵活。如将来如果需要一个容纳5个字或更多字的菜单项，就又要制作新的背景图像，还要修改CSS设置，会非常麻烦。

图 5.17   可以自适应宽度的顶部菜单

那么有没有更好的办法呢？那就是使用一种被称为"滑动门"的技术。其具体做法是：首先准备一个背景图像，为了能够适应较宽的菜单项，这个背景图像要做得宽一些，然后进行切片，如图5.18所示。

图 5.18   顶部菜单的背景图像切片

图5.18中切出了两个形状相同但是颜色不同的圆角矩形，白色的用于一般状态时的菜单背景，深色的用于将来要制作的鼠标指针经过时的菜单背景。

这样制作的背景图像比实际的菜单项宽一些。那么具体如何使用呢？先看一下菜单的HTML代码。

```
<ul id="topNavigation">
    <li><a href="#"><span> 帮助中心 </span></a></li>
    <li><a href="#"><span> 账号 </span></a></li>
```

```
    <li><a href="#"><span> 购物车 </span></a></li>
  </ul>
```

可以看到，这是一个很简单的ul列表，只是我们在每个菜单项文字的外面加了一对 <span>标记，这就是"滑动门"技术的关键之处。

也就是说，每个菜单项中，可以分别为a元素的span元素设置一个背景图像，一个从左边开始显示，一个从右边开始显示，二者中间部分重叠，端点不重合，就可以分别显示出两端的圆角了。

具体的示意图如图5.19所示。最上面的图形表示外层的a元素，左端设置了一定的 padding，这样里面的span元素就不会挡住左端的圆角了；中间图形表示span元素，它的背景图像和a元素的背景图像实际上是同一个图像，只是从右端开始显示，这样就可以露出右端的圆角了。

例如，当文字内容比较宽时，它也能够自动适应，被隐藏的部分比图5.19少一些，如图 5.20所示。

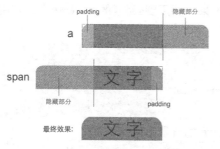

图 5.19　采用"滑动门"方法的示意图

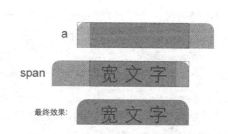

图 5.20　菜单项文字较宽时的效果

从图5.19和图5.20中可以看出这种方法的名称的由来，两个嵌套的元素各有一个背景图像，它们像两扇门一样可以滑动，以适应不同宽度的内容。下面结合代码具体讲解实现的过程。

首先把顶部菜单通过绝对定位放到页面的右上角。

```
#header #topNavigation{
    position:absolute;
    top:0;
    right:0;
}
```

然后把li设置为向左浮动，把原来竖直排列的菜单项变成水平排列，并使菜单项之间有一些距离。

```
#header #topNavigation li{
    float:left;
    padding:0 2px;
}
```

接下来把a元素设置为块级元素，设置高度，很重要的一点是设置左侧padding，其原理参考图5.19和图5.20。

```
#header #topNavigation a{
    display:block;
```

```
        line-height:20px;
        padding:0 0 0 14px;
        background:transparent url('top-navi-white.png') no-repeat;
        float:left;  /*For IE 6 bug*/
    }
```

接下来设置里面的span元素。首先需要将其设置为块级元素（因为span元素原来是行内元素），同时设置右侧的padding值。特别需要注意，这里span元素的背景图像从右侧开始放置。

```
#header #topNavigation a span{
        display:block;
        padding:0 14px 0 0;
        background:transparent url('top-navi-white.png') no-repeat right;
    }
```

到这里，菜单的通常状态就设置完成了。刚才我们提到，制作了白色和深色的背景图像各一个，上面使用的是白色的背景图像，现在就需要那个深色的背景图像了。

为了设置鼠标指针经过菜单项时背景的变色效果，要用到a元素的:hover伪类，它用于当鼠标指针经过某一个菜单项时a元素本身要改变文字颜色和背景图像。

```
#header #topNavigation a:hover{
        color:white;
        background:transparent url('top-navi-hover.png') no-repeat;
    }
```

同时要改变在鼠标指针经过时a元素里面span元素的背景图像。

```
#header #topNavigation a:hover span{
        background:transparent url('top-navi-hover.png') no-repeat right;
    }
```

这样的结果就是当鼠标指针经过某一个菜单项的时候，a元素和里面span元素的背景图像换成了深颜色的图像，这正是我们希望的效果。

以上我们详细介绍了顶部菜单的制作方法，主菜单的制作原理与此完全相同。代码如下：

```
<ul id="mainNavigation">
    <li class="current"><a href="#"><strong> 网站首页 </strong></a></li>
    <li><a href="#"><strong> 图书介绍 </strong></a></li>
    <li><a href="#"><strong> 信息 </strong></a></li>
    <li><a href="#"><strong> 畅销排行榜 </strong></a></li>
</ul>
```

可以看到与上面的顶部菜单有两点区别。

（1）在a元素中没有使用span元素，而是使用了strong元素，这是因为这里希望文字以粗体显示，所以正好可以借用<strong>标记来完成上面span元素的作用。

（2）结合前面的效果图可以看出，在主菜单中，只有一个设置为"current"（当前）的菜单项使用了背景图像，其余几个在平常状态下没有使用背景图像，而当鼠标指针经过时则会出现背景图像，如图5.21所示。

请读者自己实践，制作出主菜单的正确效果。到这里，页头部分就完全制作好了。在这一部分，我们主要学习了滑动门技术的原理，这个技术在CSS中非常重要，而且更进一步还会有很多复杂的变化，因此希望读者能够完全理解。

130

图 5.21　页头部分完成后的效果

 制作主体部分

主体部分涉及整体布局设计以及一些文字元素的设置。在这一步中，任务是把各种元素放到适当的位置，而暂时不用涉及细节因素。

5.7.1　整体样式设计

首先对整个页面的一些共有属性进行一些设置，如对字体、margin、padding等属性都进行初始设置，以保证这些内容在各个浏览器中有相同的表现。

```
ul{
    margin:0;
    padding:0;
    list-style:none;
}
a{
    text-decoration:none;
    color:#3D81B4;
}
p{
    text-indent:2em;
}
```

5.7.2　内容部分的结构分析

在原型线框图中，内容部分分为左右两列。下面首先对HTML进行改造，然后设置相应的CSS代码，完成左右分栏的要求。代码如下，蓝色粗体内容为新增代码。

```
<div id="content">
    <div id="mainContent">
        <div class="recommendation img-left">
            <h2> 本周推荐 </h2>
            <a href="#"><img src="book1.png"/></a>
            <h3>CSS 设计彻底研究——核心原理、 技巧与设计实战 </h3>
```

```
            <p> 本书是一本深……局和效果。  </p>
            <p> 本书详细介绍……其所以然。  </p>
        </div>
        <div class="recommendation img-right">
            <h2> 新书上市 </h2>
            <a href="#"><img src="book2.png"/></a>
            <h3> 创建 Ruby on Rails Web 应用 </h3>
            <p>Ruby 是一种面向对象……以日益流行。  </p>
            <p> 本书采用 "如何解决问……成" 的问题。  </p>
        </div>
        <div class="recommendation multiColumn">
            <h2> 相关推荐 </h2>
            <ul>
                <li>
                    <a href="#"><div><img src="ex1.jpg"/></div></a>
                    <p><strong>iPod shuffle</strong> <br/>From $49</p>
                </li>
                ……省略重复部分……
            </ul>
        </div>
    </div>
    <div id="sideBar">
        <div id="searchBox">
            <span>
                <form><input name="" type="text" />
                <input name="" type="submit" value=" 查询商品 " /></form>
            </span>
        </div>
        <div id="menuBox">
            <span>
            <h2> 图书分类 </h2>
            <ul>
                <li><a href="#">Javascript</a></li>
                ……省略重复部分……
            </ul>
            </span>
        </div>
        <div class="extraBox">
        <span>
            <h2> 特别提示 </h2>
            <p> 特别提示特别提示特别提示特别提示 </p>
        </span>
        </div>
    </div>
</div>
```

接下来进行布局设置。有了前面关于布局章节的基础，固定宽度的两列布局就非常简单。代码如下：

```
.content{
    width:760px;
    margin:0 auto;
}

.mainContent{
    float:left;
    width:540px;
}

.sideBar{
    float:right;
    width:186px;
    margin-right:10px;
    margin-top:20px;
    display:inline;/*For IE 6 bug*/
}
```

外层的content这个div宽度固定为760像素，居中对齐。里面的两列分别为mainContent和sideBar，二者都设定固定宽度，并分别向左右浮动，从而形成两列并排的布局形式。此时的效果如图5.22所示，图中用紫色和红色的线框表示了侧边列和主要内容列的范围。此外还可以看到，由于页脚部分还没有设置清除属性，因此它跑到了侧列的下面。

图 5.22　内容部分分两列布局的效果

为了消除页脚部分的干扰，先对页脚部分设置清除属性。

```
#footer{
    clear:both;
}
```

下面分别开始对左右两列进行详细的设置。

5.7.3　设置右侧的主要内容列

接下来就要对右列（"主要内容"）进行设置。从最终的效果图中可以看到，左侧列分为上中下3个部分，它们各有特点。

上面的"本周推荐"栏目中，图像居左，文字居右。

中间的"新书上市"栏目中，图像居右，文字居左。

下面的"相关推荐"中，内容又分为3列，每一列中图像居上，文字居下。尽管图像的宽度不同，但是4个图像外围都有一个统一宽度的线框。

因此，我们可以首先考虑分别为这3种栏目设置一个类别。代码如下：

```
<div id="mainContent">
    <div class="recommendation img-left">
        <h2> 本周推荐 </h2>
        <a href="#"><img src="book1.png"/></a>
        <h3>CSS 设计彻底研究——核心原理、 技巧与设计实战 </h3>
        <p> 本书是一本深……局和效果。 </p>
        <p> 本书详细介绍……其所以然。 </p>
    </div>
    <div class="recommendation img-right">
        <h2> 新书上市 </h2>
        <a href="#"><img src="book2.png"/></a>
        <h3> 创建 Ruby on Rails Web 应用 </h3>
        <p>Ruby 是一种面向对象……以日益流行。 </p>
        <p> 本书采用 "如何解决问……成" 的问题。 </p>
    </div>
    <div class="recommendation multiColumn">
        <h2> 相关推荐 </h2>
        <ul>
            <li>
                <a href="#"><div><img src="ex1.jpg"/></div></a>
                <p><strong>iPod shuffle</strong> <br/>From $49</p>
            </li>
            ……省略重复部分……
        </ul>
    </div>
</div>
```

可以看到，3种栏目有一个共同类别名称"recommendation"以及各自有一个特殊的类别名称，依次为"img-left"、"img-rignt"和"multiColumn"。

recommendation本身不需要做特殊的设置，仅需要对它里面的h2和h3标题做一些设置，且都是常规设置。代码如下：

```
.recommendation h2{
    padding-top:20px;
    margin-top:0px;
    color:#069;
    border-bottom:1px #DEAF50 solid;
    font:bold 22px/24px 楷体 _GB2312;
}
```

```
.recommendation h3{
    font:bold 14px/21px 宋体 ;
}
```

接下来，就针对"img-left"，"img-rignt"和"multiColumn"这3种不同的展示形式分别设置相应的CSS样式。

对于"本周推荐"和"新书上市"，分别是里面的图像向左浮动或向右浮动，并使文字和图像之间有一定的距离，也很简单。代码如下：

```
.img-left img{
    float:left;
    margin-right:10px;
}


.img-right img{
    float:right;
    margin-left:10px;
}
```

对于"multiColumn"，即分为4列的栏目，要设定每一个列表项目的固定宽度，然后使用浮动排列方式。代码如下：

```
.multiColumn li{
    float:left;
    width:120px;
    margin:0 10px;
    text-align:center;
    display:inline; /*For IE 6 bugs*/
}
```

这里需要注意，使用margin属性设置项目之间的空白时，在IE 6浏览器中会遇到双倍margin的错误。也就是说，在IE 6中，如果给一个浮动的盒子设置了水平margin，显示出来的margin就是设定值的两倍。解决这个错误的方法是将它的display属性设置为"inline"，就像上面代码中显示的那样。

从前面的HTML代码可以看到，在图像的周围套了一层div，这是因为需要给图像增加一个线框。但图像的宽度不同，因此不能直接给图像设置边框，而是增加一个div，然后给div设置边框。为了使边框和图像之间有一定的距离，设置了padding值。

```
.multiColumn div{
    padding:5px;
    border:1px #DFE9AB solid;


}
```

此外，前面为了使介绍文字的每一个段落首行缩进，设置了p段落的text-indent属性，而这里每一个图像下面的文字不希望有缩进，因此这里的文字缩进设置为0。

```
.multiColumn li p{
    text-indent:0;


}
```

到这里，基本设置已经完成。为了使鼠标指针经过某一个图像的时候，边框颜色由浅绿色变为深绿色，这里可以通过设置":hover"伪类来实现。这是一个很常见，也很受设计师喜欢的效果。

此方法也很简单，代码如下：

```
.multiColumn a:hover div{
    border:1px #464F15 solid;

}
```

这时效果如图5.23所示。

图 5.23　主要内容列

但是由于IE 6的错误，上面的鼠标指针经过效果无法显示，需要增加如下代码。

```
.multiColumn a:hover{  /* For IE 6 bug */
    color: #FFF;

}
```

这样就可以保证在IE 6中也能看到同样的效果。

至此，右侧的主要内容列的视觉设计就完成了，接下来对左边栏进行设置。

5.7.4　制作左边栏

接下来进行左边栏的样式设计，要点是一组圆角框的实现方法。在上一章中我们已经接触过圆角框了，但是上一章中介绍的方法无法制作出这个案例所需要的效果。因为它只能将一整列作为一个圆角框，而本案例中需要实现若干个独立的圆角框，而且还要能够自由添加新的圆角框。

先来实现圆角框的效果。首先在Fireworks软件中制作一个圆角框，如图5.24左图所示，具体的形式读者完全可以自由发挥。然后按照图中所示的红线切成两个图像，结果如图5.24中图和右图所示，它们的宽度一致。

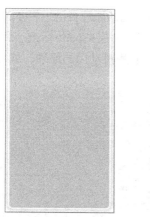

图 5.24　制作圆角框所需的背景图像

接下来改造HTML代码。左边栏中包括3个部分，即"搜索框"、"产品分类"和"特别提示"，每个部分都需要放在一个圆角框中。因此，为每一个部分增加<div>标记，并设置各自的类别名称。

此外，为了使圆角框能够灵活地适应内容的长度，自动伸缩，这里仍然需要使用"滑动门"技术。方法和上面制作导航菜单很类似，区别在于它是上下滑动，而不是左右滑动。为了设置滑动门，我们再为每一个部分增加一层<span>标记。代码如下：

```
<div id="sideBar">
    <div id="searchBox">
        <span>
            <form><input name="" type="text" />
            <input name="" type="submit" value=" 查询商品 " /></form>
        </span>
    </div>
    <div id="menuBox">
        <span>
        <h2> 图书分类 </h2>
        <ul>
            <li><a href="#">Javascript</a></li>
            ……省略重复部分……
        </ul>
        </span>
    </div>
    <div class="extraBox">
    <span>
        <h2> 特别提示 </h2>
        <p> 特别提示特别提示特别提示特别提示 </p>
    </span>
    </div>
</div>
```

下面开始设置CSS样式。首先设置左边栏的整体样式，目的是使每一个部分都能够产生一个圆角框效果。

这里建议读者先不要看下面的讲解，根据上面介绍的滑动门的原理自己想想办法。

从上面的代码中可以看到，左边栏中的3个div里，都套了一层<span>标记。利用div和span这两个HTML元素，分别设置上面制作好的圆角图像，利用滑动门的原理，就可以制作出能适应不同高度的内容的圆角框了。

```
#sideBar{
    float:left;
    width:185px;
    margin-right:10px;
    display:inline;/*For IE 6 bug*/
}

#sideBar div{
    margin-top:20px;
    background:transparent url('sidebox-bottom.png') no-repeat bottom;
    width:100%;
}

#sideBar div span{
    display:block;
    background:transparent url('sidebox-top.png') no-repeat;
    padding:10px;
}
```

上面的代码实际上很简单，就是div元素和span元素分别设定一个背景元素，这里div元素使用的是高的背景图像，span元素使用的是矮的背景图像。因为span在div里面，所以span的背景图像在div背景图像的上面，它遮住了顶部，从而实现了圆角框的效果。这时效果如图5.25所示。

可以看到，此时圆角框已经正常显示了。在这个案例中，在顶部菜单、主菜单和圆角框这3个地方用到了滑动门技术，希望读者能够仔细研究并深入地理解它。

到这里，左右两列的布局就完成了。下面请读者根据前面章节介绍的方法，对左边栏中的菜单和文字进行设置，可以自由发挥，如图5.26所示。

图 5.25　左边栏中设置圆角框后的效果　　　图 5.26　对左边栏进行样式设置

5.8 总结 CSS 布局的优点

到这里，读者可能还没有完全意识到使用这种CSS进行布局的优点。这种布局方式的最大优点是非常灵活，可以方便地进行扩展和调整。例如，当网站随着业务的发展需要在页面中增加一些内容时，不需要修改CSS样式，只需要简单地在HTML中增加相应的模块就可以了。

图5.27所示的就是对页面扩展了内容以后的效果。在右侧的"主要内容"部分增加了"相关推荐"和"新品推荐"两个模块，在左边栏中增加了"十大畅销书"的列表。在前面的页面基础上，增加这些内容只需要几分钟的时间就可以完成，只要在HTML中添加相应的内容，而完全不用修改CSS代码。

图 5.27 扩展了内容的网页效果

不但如此，还可以非常灵活地修改样式。例如，稍做修改，将两列布局的浮动方向交换，就可以立即得到一个新的页面，如图5.28所示。可以看到，左右两列调换了位置。

图 5.28　调换左右两列位置后的效果

试想如果从一开始就没有良好的结构设计，那么稍微修改一下内容将会是非常复杂的事情。如果读者曾经使用过表格进行页面布局，就会发现这里列举的优点，对于表格布局的网页来说都是不可想象的。

制作可以适应变化宽度的圆角框

在上一章中，我们制作的圆角框限制很大，对高度和宽度都无法灵活控制。而在本章中，对圆角框的高度可以灵活控制，这样一列中就可以自由地添加任意多个圆角框了。

而事实上，CSS的能力还不止于此，使用CSS可以制作宽度和高度都灵活的圆角框。如图5.29所示的绿色圆角框，这个圆角框放置在正文中，因此我们希望它的宽度和高度都不固定，那么这时使用本章上面介绍的方法就不够了。

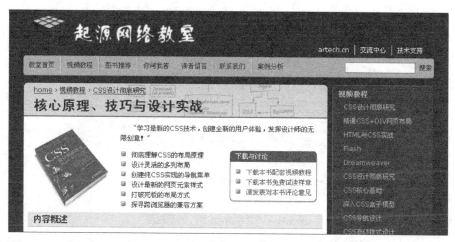

图 5.29　宽度和高度都可调整的圆角框

如果要求这个圆角框的宽度也可以变化，就需要在水平和竖直两个方向使用滑动门技术。下面就来讲解如何制作一个可以变化宽度和高度的圆角框。

下面我们来分析一下这个圆角框是如何构成的。首先在Fireworks中绘制一个如图5.30所示的圆角框，然后沿虚线将其分为4个部分。

下面展示它的HTML结构。代码如下：

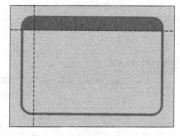

图 5.30　将所绘圆角框切为 4 个部分

```
<div class="bulletBoard">
    <div class="bb-head">
        <h3> 下载与讨论 </h3>
    </div>
    <div class="bb-body">
        <ul>
            <li><a href="#"> 下载本书配套视频教程 </a></li>
            <li><a href="#"> 下载本书免费试读样章 </a></li>
            <li><a href="#"> 请发表对本书评论意见 </a></li>
        </ul>
    </div>
</div>
```

请参考这个"二维滑动门"的原理图，如图5.31所示，看以下各个部分是如何与HTML元素相对应的。

请读者对应着上面的HTML代码来分析图5.31。这里使用上面切分出来的4个背景图像，因此要有4个HTML元素来放置它们。最外层的div.bulletBoard放置左下角的图像，里面的div.bb-head放置左上角的图像，在div.bb-head里面有一个h3标题，它的背景图像设置为右上角的图像，最后在div.bb-body中放置右下角的图像。

然后准备4个背景图像。

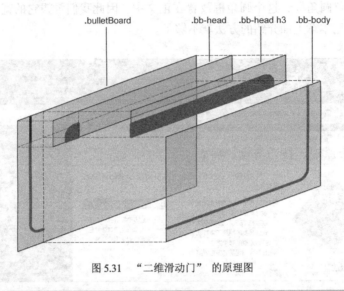

图 5.31 "二维滑动门"的原理图

```
.bulletBoard{
    width:160px;
    background:transparent url('bb_left.gif') no-repeat left bottom;
}
.bb-head{
    background:transparent url('bb_head_left.gif') no-repeat;
    margin:0;
    padding:0 0 0 10px;
}
#content .bb-head h3{
    background:transparent url('bb_head_right.gif') no-repeat right top;
    margin:0;
    color:#FFF;
}
#content .bb-body{
    background:transparent url('bb_right.gif') no-repeat right bottom;
    padding:10px 10px 10px 0;
    margin:0 0 0 10px;
}
```

使用这种方法制作出来的圆角框就可以实现自由变化大小的功能了，这是因为在制作背景图像的时候，可以做得大一些，而在实际使用时，只露出了图像的一部分，如图5.32所示。

这是一个非常灵活的圆角框，它的高度会根据里面的内容自动伸缩，宽度只需要简单地设置即可。

例如要设置一个如图5.33所示的页面。这个页面中的每一个圆角框都用与上面相同的代码，然后只需要针对每个具体的div设置宽度，就可以随意在页面中调整了。

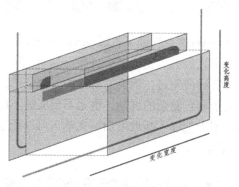

图 5.32　宽度和高度变化示意图

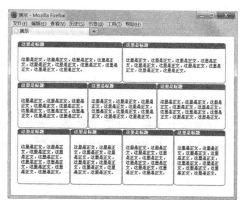

图 5.33　在一个页面中使用不同宽度的圆角框

5.10　CSS 技术扩展——从"网页"到"网站"

上面详细介绍了如何按照 Web 标准的思路制作一个页面。而一个网站是由很多页面共同组成的，网站的设计、制作和开发中有很多概念、技术和软件需要了解和掌握。或者说我们经常会听到一些新概念、新单词，初学者往往会感觉比较繁杂，不知道到底应该学习什么，怎么学习。

因此在这一章的最后，将对从"网页"到"网站"的一些技术方面的变革以及相关概念做一些介绍，使得初学者有一个比较宏观的理解。

那么如何由一个"网页"到一个"网站"呢？最简单的做法就是将一个一个页面分别制作好，然后把它们都互相链接起来，就成为一个网站了。这样做出来的网站称为"静态网站"，对于内容不多的网站这是可以胜任的。但是我们经常看到很多网站内容繁多，如果都由手工制作，工作量会非常大，那么这些网站是如何创建出来的呢？

由于本书的主题是 CSS，因此无法对"整个网站"的问题做深入的讲解，仅在这里做一些说明。如果读者希望了解相关内容，可以再寻找相关的资料进一步学习。

5.10.1　历史回顾

首先回顾一下网站开发的历史，从中可以看出技术的发展趋势，相信对读者也会有所帮助的。互联网比较大规模地进入中国应该是从 1998 年开始的，在当时制作网页，一般人基本上就是使用一种技术——HTML 语言，再加上一些非常简单的图片。

这样制作出来的网页不但非常简陋，而且效率也很低。可以设想一下，网页是用 HTML 语言编写的，被称为静态页面，一旦写好，除非改写这些 HTML 源代码，否则无法更改网页上的内容。这样就会遇到一些问题无法解决。例如，一个网站希望向访问者提供全世界 10 000 个地区的天气预报信息，如果只有 HTML 作为工具，就必须每天为每个城市开发一个页面，以便访问者找到某一城市相应的页面来获取信息。可想而知，如果每天要制作这么多网页，将需要很大的人力；如果网站要求更复杂的话，这就是一个不可能完成的任务了。

5.10.2　不完善的办法

那么怎么办呢？这时大家逐渐开始使用Dreamweaver这个软件了。Dreamweaver提供了一种被称为"模板"的功能，也就是先制作一个模板页，然后产生出多个页面，分别填写不同的内容。这种方法不需要其他技术，但是，如果你实际使用过，就会发现这种方法依然比较麻烦，它基本上还是"纯手工打造"方式，而且对于真正复杂的页面，也是不现实的。即使是一个像我们前沿视频教室这样不算复杂的网站，要求能够不断地增加新文章，可以让读者留言，还可以回复等，这种方式也是完全不能胜任的。

5.10.3　服务器出场

那么怎么办呢？这就必须要使用服务器的功能了。也就是说，网页必须是在服务器上动态生成的。同一个页面，在服务器上根据不同的访问参数生成不同的页面效果，这样就一劳永逸了。还举天气预报的例子，只需制作一个页面，在这个页面需要显示天气信息的位置从数据库中取得相应数据，即页面的样子都是通过HTML来做好的，只是相应的数据从数据库中获取。那么只要做好一个页面，就可以根据不同的城市代码从数据库中获取相应的数据，从而实现"一劳永逸"的效果。

5.10.4　CMS 出现

这样问题就又出现了，网站的开发过程变得更复杂了，技术要求更高了，不但需要设计前台的页面效果，还需要开发后台的程序。这种程序的开发语言有很多种，现在流行的有ASP.net，PHP，Java等，掌握这些编程技术都比学习HTML要复杂得多。要用这些语言写出一个完善的网站来，不是一件轻松的事情。

那么怎么办呢？逐渐地，人们发现，实际上网站无论多么千奇百怪，归纳起来，很多功能都是十分相似的。如要求能够方便地发表、修改和删除文章，这可以称为"文章系统"或者叫"新闻系统"。再看一下各种网上商店，包括货物的分类、输入、修改和购物系统等，实际上这些都是很类似的。再如各种论坛也是大同小异，还有博客网站也是相似的。因此，一些技术人员和软件公司就仔细研究在某一领域的网站的共性要求，开发出了一些通用的网站系统。而要建立网站的人只需要把相应的系统安装到服务器上，就可以立即拥有一个完善的网站了，同时这些系统都具有一定的灵活性，可以进行网站外观和功能模块的定制。你会发现使用同一种系统搭建出来的网站的外观是完全不同的，当然CSS在其中也发挥了巨大的作用，也就是我们反复强调的网站内容与表现的分离。总而言之，这类系统都称为"内容管理系统"（Content Management System），例如前沿视频教室（http://www.artech.cn）使用的就是WordPress这个CMS系统，它是完全免费的开源系统。

5.10.5　具体操作

这样建立一个网站就简单多了。要建网站，首先要确定，要做的是一个什么类型的网站，确定是博客、论坛、商店和门户还是教学等。然后找到一个相应的和需求最接近的CMS

系统安装，找一些相应的资料，学习如何使用、如何定制功能、如何设置外观布局。最后你只要专心于网站的内容就可以了。

一个网站主要有3个核心要素：内容、表现、功能。一个CMS系统可以提供相应的功能；表现就要靠CSS和CMS自身的模板机制来实现了。例如全世界有几百万个网站都是使用WordPress来搭建的，但是外观各不相同，这就是掌握了CSS等网页设计的技术以后，随心所欲的设计了。

因此，现在要建立一个普通的网站，通常不需要从零开始一点点写代码，而是选用一个适当的CMS系统，真正把它掌握精通，这样几乎所有的网站都可以建立。

那么是不是使用CMS系统就不需要HTML，CSS这些具体技术了呢？当然不是，而且恰恰相反，只有深入掌握了这些基础技术，才能够把CMS用得更好，做出更完善的、与众不同的网站。

此外开源系统并非适用于所有的情况，例如有一些对安全性、保密性要求很高的单位，一般不会使用开源的系统；另外一些非常大型的网站，开源系统也很难满足要求，通常用自己开发的专用系统。例如有不少很好的开源的网上商店系统，但是要做成像亚马逊那种规模的网上商店，用这些开源系统是远远不够的。

总之，尽力把基础知识掌握扎实，同时掌握范围更广的工具，水平就会不断地提高，这样制作出来的网站也会越来越好。本书后面的章节也会介绍一些具体要如何使用和定制CMS系统的内容，使读者可以动手制作。

5.10.6 CMS 的弊端

上面介绍了CMS的作用和优点，当然并非所有的系统都可以使用CMS来解决。CMS最大的弊端就是不够灵活，通用的CMS系统可能无法实现某些特殊的需求。因为CMS面向通用功能，所以用户在使用它的时候，必须把自己的需求按照CMS系统的功能来实施，这时如果有一些自身特殊的功能可能就无法实现了。因此，很多企业和机构的系统都是请软件开发公司来定制开发的。

5.11 本章小结

在本章中，为一个假想的名为"CSS Bookstore"的网上书店完整地制作了一个网站。希望读者通过对这个案例的学习，可以了解遵从Web标准的网页设计流程。在原型设计一节中，我们给出了一个产品页的原型线框图，建议读者独立完成这个页面，作为对本章内容的复习和实践。

此外，读者还可以仔细研究一些著名的网站，思考一下，如果你来设计这样一个网站，会如何分析、如何搭建结构等，这种通常被称为"头脑风暴"的练习方法对于思维能力的提高是很有帮助的。

第6章
汽车服务公司网站布局

在本章中，将制作一个汽车服务公司的网站。前面5章中，每一章的案例都有所侧重地介绍了一些CSS方面的技术。本章除了对前面介绍的各种技术进行综合演练之外，还将重点介绍相关链接的一些技术。希望读者通过学习本章的案例，能够更灵活、熟练地使用这些技术，制作出更精彩的网页来。

课堂学习目标

● 掌握行内元素及块级元素

● 理解超链接的CSS样式设置

● 制作超链接效果

6.1 案例描述

本案例的目标是为一个汽车服务公司制作网站，完成后的首页效果如图6.1所示。

图 6.1 完成后的首页效果

在这个页面中，最上面是中英文双语的主导航菜单，菜单项前面有编号，这个编号同时也具有装饰的作用。然后是主题图像和公司名称，在它的下面分为左右两栏，左侧是内容区，包括"推荐车型"和"备用零件"等栏目，如果需要还可以灵活增加；右侧是各种汽车品牌的列表。注意这个汽车品牌列表的上端压住了主题图像的一角，这样就使画面变得生动起来了。读者可以考虑一下，这个布局效果使用哪种CSS技术实现最合适。

此外，这个页面具有很好的交互提示功能。例如，在页头部分的导航菜单具有鼠标指针经过时发生变化的效果，如图6.2所示。另外，读者可以看到，鼠标指针经过某一项时，编号变为醒目的红色。在页面右侧的汽车品牌列表部分，当鼠标指针经过某个品牌时，也会发生有趣的变化。

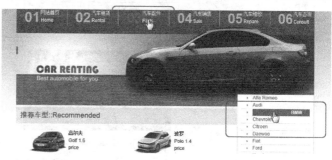

图 6.2 具有鼠标指针经过时发生变化效果的导航菜单

6.2 内容分析

仍然像前面几个案例一样，在这里先看几个值得学习的网站。在汽车领域，人们经常提到的是"A-B-B"，即Audi（奥迪）、BMW（宝马）和Benz（奔驰）这3家汽车厂商。

下面分别看看它们的网站有什么共同点以及区别。首先，图6.3中所示为"奔驰"网站的首页。

图 6.3　"梅赛德斯 - 奔驰" 公司网站的首页

由于奔驰公司的产品极其丰富，因此网站用了非常有特色的导航系统，一种车型的介绍页面中使用了4级菜单进行导航，如图6.4所示。尽管使用了如此丰富的导航系统，但是这丝毫不会使访问者感到混乱，这是值得我们学习的。

图 6.4　4级导航菜单结构

另一个我们熟悉的汽车品牌是"宝马"，它与奔驰比起来，车型相对较少，因此并没有使用非常多的导航级别，其网站首页如图6.5所示。

图 6.5 "宝马" 公司网站的首页

宝马公司的网站上大量使用了JavaScript的技术来实现一些交互的动态效果，如它制作了非常"酷"的下拉菜单，如图6.6所示。例如单击左上角的箭头，会向下拉开一个半透明的菜单；在页面顶部有车型导航菜单，鼠标指针经过菜单项时，会打开下拉菜单。

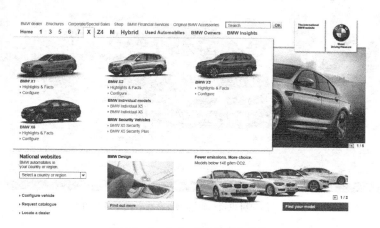

图 6.6 JavaScript 实现的动态效果

这些效果都是需要JavaScript实现的，仅仅依靠CSS是无法完成的。

最后再来看看"奥迪"的网站，与奔驰和宝马都不同，奥迪的网站重点使用了Flash作为技术手段，如图6.7所示。

图中面积最大的区域是一个Flash交互动画，在这个Flash动画中，访问者可以方便地更换汽车的颜色，还可以360°环绕观看到汽车的各个侧面。这种技术是目前的一个热点，称为RIA（丰富互联网应用程序），Adobe公司的Flash技术是其中坚力量。在图6.8中可以看到，为汽车更换了颜色，以及拖动鼠标环绕观看汽车各个角度的效果。

图 6.7 "奥迪"公司网站的首页

图 6.8 用户可更换汽车的颜色并观看汽车各个角度

在比较了通常人们所说的"A-B-B"这3家高档汽车企业的网站后，我们是否会感受到，它们各自的网站与它们的产品——汽车给我们的印象很一致呢？例如，从使用新技术的角度来说，奔驰的网站使用的新技术并不多，宝马重点使用的是JavaScript，配合一定的Flash，而奥迪则大量使用了Flash的RIA技术。在汽车领域，奔驰给人们精致稳重的感觉，宝马给人们动感十足的感觉，而奥迪则十分希望通过新技术来获取竞争的胜利。

这也给了我们一个启示，在设计一个网站的时候，设计师是否真的理解这个网站内在的文化和气质。只有真正了解了一个网站的核心气质，才能够进一步选择合适的技术手段去实现它。

6.3 HTML 结构设计

了解了上述内容之后，开始制作本章的案例。有了前5章的基础，本章页面的基本HTML结构搭建便很容易，这里仅给出图示，不再详细说明，如图6.9所示。

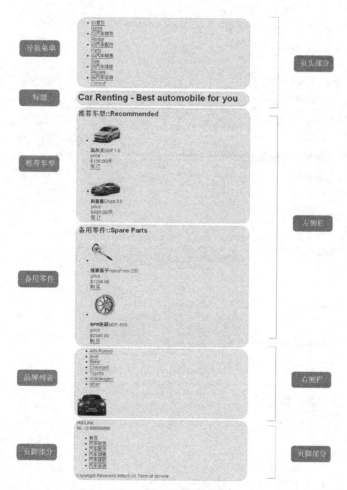

图 6.9　基本的 HTML 结构

那么这个HTML是如何搭建出来的呢？它的代码如下：

```
<body>
<div id="header">
    <div id="menu">
        <ul>
            <li class="first"><a href="#"><span class="number">01</span>
            <span class="item"> 首页 <br/>Home</span></a></li>
            ……省略其余列表项目……
```

```
                </ul>
            </div>
            <h1><span>Car Renting - Best automobile for you </span></h1>
    </div>
    <div id="container">
        <div id="content">
        <h2>推荐车型 <span class="englsih">::Recommended</span></h2>
        <div class="inner">
        <ul>
            <li><img src="car-2.png"/><p><strong>高尔夫 </strong>
            Golf 1.6<br/>price<br/><span class="price">$139.00/ 天 </span><br/>
            <a href="#"> 预 订 </a></p>
            </li>
            ……省略其余列表项目……
        </ul>
        <div class="clear"></div>
        </div>
            <h2>备用零件 <span class="englsih">::Spare Parts</span></h2>
        <div class="inner">
            <ul>
                ……省略列表项目……
            </ul>
            <div class="clear"></div>
        </div>
        </div>
        <div id="brand">
            <ul>
                <li><a href="#">Alfa Romeo</a></li>
                ……省略其余列表项目……
            </ul>
            <img src="car-1.png"/>
        </div>
    </div>
    <div id="footer">

<p id="hotline">Hot Line:<br/><span>86-10-88888888</span></p>

<ul id="bottomMenu">
    <li class="first"><a href="#"> 首页 </a></li>
    <li><a href="#"> 汽车租赁 </a></li>
    ……省略其余列表项目……
</ul>
<p id="copyright">Copyright Reseverd Artech.cn <span>Term of service</span></p>
</div>
</body>
```

上述代码中，已经把重复的部分全部省略，读者应该能够非常熟练地看懂这个网页的基本结构。

> **指 导**
>
> 学习的时候，建议读者不要急于用浏览器查看书中代码的效果，先仔细思考一遍，把自己当作浏览器，设想一下，你认为这段代码应该显示成什么样子。想好之后，再用浏览器查看效果，检验和自己思考的结果是否一致。如果一致，就说明确实理解了；如果不一致，就仔细想一想为什么，问题出在哪里。这个过程就是提高的过程，经过反复的训练，慢慢就会变成条件反射，即一看到代码就知道效果，从而当需要某一个效果的时候，也可以很自然地知道如何实现它。

6.4 原型设计

首先，在设计任何一个网页之前，都应该先有一个构思的过程，对网站的完整功能和内容作一个全面的分析。如果有条件，应该制作出线框图，这个过程专业上称为"原型设计"。例如，在具体制作页面之前，我们就可以先设计一个如图6.10所示的原型线框图。

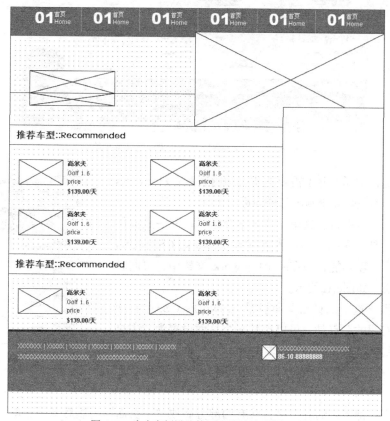

图 6.10 　为本案例设计的网站首页原型线框图

6.5 页面方案设计与切图

接下来就在Fireworks软件中设计出整个页面的效果，并将需要的部分进行切片输出，如图6.11所示。

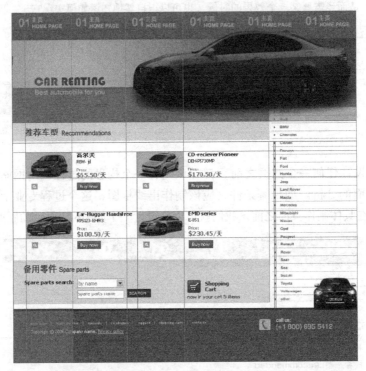

图 6.11　在 Fireworks 软件中设计的页面方案

可以看到，实际上并不需要把所有的内容都在Fireworks中绘制出来，而只需要绘制出部分即可。

关于如何绘制的过程这里就不详细介绍了，有一点值得向读者推荐的是，在Fireworks的新版本Fireworks CS3和CS4中，新增加了一项功能，即在一个Fireworks文档中，可同时编辑多个页面，如图6.12所示。

可以看到，这个"页面"面板是Fireworks CS3中新增加的，更为有用的一点是，可以把某一个页面设置为"主页面"，然后就可以创建基于它的多个页面。

例如在这个案例中，我们可以先创建一个主页面，如图6.13所示。

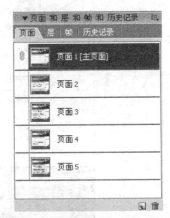

图 6.12　在一个文档中编辑多个页面

也就是说，把网站的各个栏目共有的部分做成"主页面"，然后基于它就可以更方便地制作出其他页面，而且只要修改了主页面，其他页面都会随之改变。

图 6.13　在 Fireworks 中创建的主页面

　　例如，除了图6.13中的效果，还可以方便地制作其他的页面，如图6.14所示。这样做的好处就是当一个网站包含多个页面的时候，可以把共同的部分制作为主页面，而在主页面的基础上，添加不同的内容，产生多个页面的设计方案图。

图 6.14　基于主页面创建多个页面

6.6　页面布局

　　由于已经有了前几章的经验，因此本章就不再对页面的布局进行详细介绍了，这里仅对需要注意的地方进行讲解。

6.6.1 切片

在前面的章节中，讲解了基本的切片方法。读者在切片的时候，就要对布局成竹在胸，这样才能有目的地进行每一个切片操作。在本案例中，产生了以下图像。

顶部菜单部分的背景，如图6.15所示。

图6.15　顶部菜单部分的背景

　在通常情况下，只需要切一个窄条，然后横向平铺即可。但是在这个方案中，使用了纹理，如果切一个窄条，可能会导致纹理重复不自然，因此索性就把整个宽度都作为背景图像，不需要平铺。

接着观察最终的效果图，在页面上侧有灰色的渐变色作为整个页面的背景，因此制作一个背景图像，如图6.16所示。将来作为body元素的背景图像，沿水平方向平铺即可。

接下来需要一个标题部分的图像，这里是用一张完整的图像，如图6.17所示。

最后需要一个页脚部分的背景图像。尽管它和顶部菜单一样使用了纹理，但是由于页脚部分不像页面顶部的菜单那么重要，因此就切了一条，如图6.18所示，然后水平平铺使用。如果仔细观察页脚部分，会发现纹理的重复效果不是非常自然。读者在实际制作时，可以灵活掌握。

到这里，页面的布局所需要的4个背景图像就做好了。

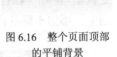

图6.16　整个页面顶部的平铺背景

图6.17　标题图像

图6.18　页脚部分的平铺背景

中间部分、左侧的内容区域不需要背景图像，标题的灰色背景使用固定的颜色即可，右侧的品牌列表也不需要使用背景图像。在每个品牌项目的列表项左端，使用一个三角形作为项目符号。这个三角形是需要用图像实现的，读者也可以制作为其他样式，如方形、圆形等。

此外，页面的其他图像就都是前景图像，也就是使用<img>标记插入的图像了，如图6.19所示。对这些图像读者也可以自由发挥。

其中图中第1排的4个汽车图像是"推荐车型"栏目中的4个图像，第2排中前两个是"备用零件"的图像，第3个绿色汽车是用于"品牌列表"下端的装饰图像。

最后一个图像是页脚部分的电话图标，如图6.20所示。

图 6.19　页面上内容部分所需的图像

图 6.20　电话图标

6.6.2　CSS 技术准备——行内元素与块级元素

在前面我们介绍了CSS中"盒子模型"的概念，指出HTML的很多标记都可以被看作一个个的盒子，放置在网页上。这里需要说明的是，并非所有的HTML元素都是"盒子"。例如<span>标记就不是一个盒子。

<span>标记与<div>标记一样，作为容器标记而被广泛应用在HTML语言中。在<span>与</span>中间同样可以容纳各种HTML元素，从而形成独立的对象。而<div>与<span>的区别在于，<div>被称为"块级元素"，它会形成一个矩形的盒子，它包围的元素会自动换行，而<span>则被称为行内元素，它不具备自己独立的空间。<span>没有结构上的意义，纯粹是应用样式。

例如有如下代码：

```
<html>
<head>
<title>div 与 span 的区别 </title>
</head>
<body>
    <p>div 标记不同行： </p>
    <div><img src="building.jpg" border="0"></div>
    <div><img src="building.jpg" border="0"></div>
    <div><img src="building.jpg" border="0"></div>
    <p>span 标记同一行： </p>
    <span><img src="building.jpg" border="0"></span>
    <span><img src="building.jpg" border="0"></span>
    <span><img src="building.jpg" border="0"></span>
</body>
</html>
```

其执行的结果如图6.21所示。<div>标记的3个图像被分在了3行中，而<span>标记的图像没有换行。

这是为什么呢？上面的3个图像分别置于一个div元素中，因此每一个div都是一个"块级元素"，会独立占有一行。而下面的3个图像分别置于一个span元素中，span是行内元素，因此这3个图像会顺次排列。

<span>标记可以包含于<div>标记中，成为它的子元素，而反过来则不成立，即<span>标

记不能包含<div>标记。从div和span之间的区别及联系可以更深刻地理解块级元素和行内元素的区别。

此外，还要注意的一点是，行内元素是不能设置高度、宽度、margin和padding等具有几何意义的属性的，这里再举一个例子。

超链接的<a>标记也是一个行内元素，假设有如下代码。

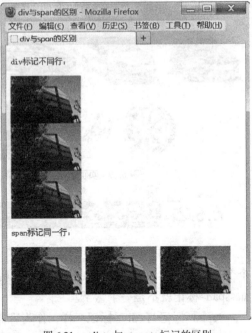

图 6.21　<div> 与 <span> 标记的区别

```
<html>
    <head>
    <style>
    a{
        width:200px;
        line-height:40px;
        border:1px solid red;
        background-color:#CCC;
        text-decoration:none;
        text-align:center;
    }
    </style>
    </head>
<body>
    <a href="#"> 链接文字 </a>
</body>
</html>
```

这时分别用IE浏览器和Firefox浏览器打开这个页面，效果如图6.22所示。

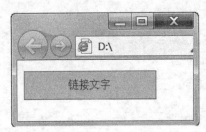
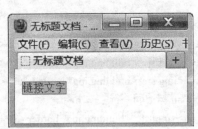

图 6.22　IE 和 Firefox 浏览器的不同显示效果

可以看到，在IE浏览器中，a元素按照CSS的设置，宽度是200像素；而在Firefox中，效果并不是我们希望的，宽度不正确。这是什么原因呢？

原因在于，a元素在默认的情况下是一个行内元素，因此像上面代码中那样，对a元素设置高度、宽度等属性是无效的，这也就说明了在Firefox中显示成图中样子的原因。

那么在IE 6中为什么得到了我们希望的效果呢？答案是，IE在默认情况下并没有遵守CSS的规范，它对a元素也同样设置了高度、宽度等属性。因此这里应该说Firefox是符合规定的，而IE在默认下并不是规范的解释方法。

这里需要说明的是，如果我们给网页加上DOCTYPE指令，对HTML文档的类型加以限定，那么在IE中也会对它按照标准的CSS规范来解释。

例如，将上面代码中的第一行改为：

```
<!DOCTYPE html PUBLIC "-//W3C//DTD XHTML 1.0 Transitional//EN"
              "http://www.w3.org/TR/xhtml1/DTD/xhtml1-transitional.dtd">
<html xmlns="http://www.w3.org/1999/xhtml">
```

这时在IE中看到的效果就会与Firefox中看到的相同了，说明当使用了DOCTYPE指令之后，IE会按照标准的方式解释上面的代码，从而与Firefox得到相同的效果。

那么，如果希望在标准的方式下，在Firefox和IE浏览器中都能使a元素获得我们希望的效果，该怎么办呢？

根据CSS规范的规定，每一个网页元素都有一个display属性，用于确定该元素的类型。每一个元素都有默认的display属性值，比如div元素，它的默认display属性值为"block"，说明它是"块级"元素，而a元素和span元素的默认display属性值为"inline"，就说明它是"行内"元素。

因此，如果希望a元素像div属性那样，可以设置高度、宽度等属性，只需要强制把a元素的display属性由inline改为block-level即可，方法是，在a元素的CSS样式中增加一条：

```
display:block;
```

这时在IE和Firefox浏览器中就都可以得到我们想要的效果，并可以随意设置a元素的高度、宽度等各种属性了。

总结

除了<span>、<a>之外，其他还有如<b>、<strong>等标记也是行内元素。

通过display属性，可以方便地改变一种元素的类型，因此，如果读者理解这一点，就会知道，实际上div元素和span元素只需要通过display属性就可以相互转换了。

因此，无论一个网页是由什么样的HTML标记来构成的，如<div>、<ul>、<li>和<p>等，它们本质上都是一些盒子而已，对浏览器而言，一个网页就是由许许多多的盒子组织在一起的，设计师的任务就是把这些盒子按照要求放在合适的位置。

在"浏览器眼中"，这个盒子是<ul>、<li>、<p>还是<div>，本质都是一样的。如<p>标记，完全可以理解为有了一些预设属性值的<div>。例如，把网页上的<p>标记换成<div>，然后对这个<div>设置一些CSS属性，就可以和<p>完全一样了。把原理真正理解透彻之后，在设计的时候，才可能做到天马行空一样的自由。

当然，读者千万不要混淆的一点是，在这里谈的是"浏览器眼中"的网页，而不是"访问者眼中"的网页。这个区别就好像一个"排字工人眼中"的小说和"读者眼中"的小说是完全不同的，前者只管格式而后者关注的是内容。

同样，对于网页来说，作为设计师，在定义网页结构和内容的时候，关注的是网页的结构和内容，在排版的时候，关注的是浏览器如何显示这个页面。

这里说的<p>标记和<div>标记本质上都是一个盒子，这强调了问题的一个方面，而从另一个方面——结构和内容的方面来说，当然是完全不同的，不应该也没有必要代替。

6.6.3 布局

在对行内元素和块级元素有所了解以后，我们再对这个页面进行布局。

首先设置页面的整体body元素的样式。

代码如下：

```
body{
    background:white url('background.png')
repeat-x;
    font:12px/18px Arial;
    margin:0px;
}
```

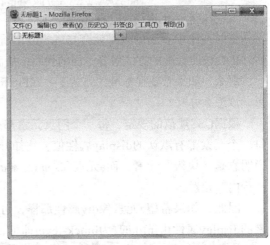

这里设置了渐变色的背景图像，水平平铺，设置了字体和行高，将margin设置为0，要保证页面的内容和边框紧靠在一起，没有空白间隔。

这时效果如图6.23所示。

图6.23　设置背景图像

6.6.4 制作顶部菜单

然后设置页头部分。页头包括两个部分，即顶部菜单和网页标题，页头使用固定宽度并水平居中的方式。代码如下：

```
#header{
    width:766px;
    margin:0 auto;
}
```

接下来设置菜单的样式。从前面的效果图可以看出，这个菜单的样式比较新颖，菜单的编号很醒目，在编号的右侧分为两行，用中英文双语显示菜单内容。这个效果应该如何实现呢？

这里分析一下关键思路。HTML结构如下：

```
<div id="menu">
    <ul>
        <li><a href="#"><span class="number">01</span>
        <span class="item"> 首页 <br/>Home</span></a></li>
        ……省略其余列表项目……
    </ul>
```

每一个列表项包括3部分，即编号、中文内容和英文内容，因此使用<span>标记把3项内容分为两组，分别设定类别。前者叫"number"，仅包括编号数字；后者叫"item"，包括中英文内容。而中英文内容之间用
标记实现换行。

下面进行CSS设置，首先设定整个菜单的背景图像和高度。代码如下：

```
#menu{
    background:transparent url('top-menu-background.png') no-repeat;
    height:39px;
}
```

接着设置列表的整体样式，包括清除margin和padding的默认设置、取消项目符号。

```
#menu ul{
    margin:0;
    padding:0;
    list-style-type:none;
}
```

接下来设置列表项目，使它变为向左浮动，从而使各菜单项目水平排列，设置文字颜色为白色。

```
#menu li{
    float:left;
    color:white;
}
```

然后针对数字编号进行设置，设置一个大字体以及颜色等基本属性，将行高也设置为一个较大的值。接下来很重要的一点是，将它设置为向左浮动，这样才能实现旁边的文字在它的右边。此外，还需要将其设置为块级元素，并设定padding和margin等参数。在实际制作时，这些参数需要试验几次才能找到合适的值。

注意，span元素是一个行内元素，设置为向左浮动后，它就会位于数字编号的右侧了。此外，设置为浮动后，它就转化为块级元素了，从而也就可以为它设置margin和padding等属性了。

```
#menu .number{
    font-size:35px;
    font-weight:bold;
    color:#CCC;
    line-height:40px;
    float:left;
    padding-left:20px;
    border-left:1px #ccc solid;
    margin-left:20px;
    margin-right:2px;
}
```

前面在设置数字样式的时候，为每一个菜单项的数字编号左侧设置了边框和margin。从整体效果看，最好把最左边菜单项的左侧margin和边框线去除，因此为最左边的菜单项设置一个类别"first"，然后针对它进行如下设置。

```
#menu li.first .number{
    margin-left:0;
    border-left:none;
}
```

这样，就可以实现顶部菜单的效果了，如图6.24所示。

图 6.24　顶部菜单的效果

6.6.5 制作标题图像

现在来设置标题，使用的依然是文字的图像替换技术，在前面的案例中已经多次使用了。其思路就是将h1标题中的文字隐藏起来，然后设置固定的高度等样式，并将前面制作好的图像作为其背景，效果如图6.25所示。

图 6.25　页头部分的效果

6.6.6 制作主体部分

接下来设置主体部分，使用左右两列布局的方式。HTML结构为

```
<div id="container">
    <div id="content">
        ……
    </div>
    <div id="brand">
        ……
    </div>
</div>
```

可以看到，左侧的内容栏使用一个div，id为"content"，表示内容；右边品牌列表也放到一个div中，id为"brand"，表示品牌。然后将二者放到一个容器div中，这个容器div的id设置为"container"，表示"容器"。

这3个div的CSS设置如下。首先，#container的宽度和页头部分相同，也是水平居中，这样就可以和页头部分正好对齐了。

```
#container{
    width:766px;
    margin:0 auto;
}
```

然后设置里面的两个div，#container的宽度是766像素，里面的两个div宽度加起来正好与之相等即可。首先将#content的宽度设置为566像素，并使之向左浮动。

```
#content{
    width:566px;
```

```
    float:left;
}
```

然后设置#brand这个div。这里有两点需要特别说明。

（1）从空间来说，766－566＝200像素，但是因为这个div的右侧设置了1像素的边框，所以它的width属性设置为199像素。

（2）从效果图可以看出，品牌列表的上端压住了标题图像的一部分，这可以通过将顶部的margin设置为负值来实现。具体的代码如下，希望读者仔细研究。

```
#brand{
    width:199px;
    float:right;
    background-color:white;
    border-right:1px #ccc solid;
    position:relative;
    padding-bottom:60px;
    margin-top:-30px;
}
```

接下来的任务就是分别设置#content和#brand这两个div里面的内容了。前面对div#brand进行过一些讲解，这里就不再讲解了，希望读者自己练习。

在品牌列表部分（div#content）包括了一个很长的列表以及一个装饰图像。关于这个列表，请读者注意项目前面的三角形图像是如何设置的。

```
#brand ul{
    margin:0;
    padding:0 10px 0 10px;
    list-style-type:none;
    line-height:17px;
    color:gray;
}


#brand ul li{
    border-bottom: 1px #ccc dotted;
    padding-left:30px;
    background:transparent url('arror.png') no-repeat 15px center;
}
```

最后，将绿色的甲壳虫汽车图片放置在列表的下端作为装饰，这显然可以通过绝对定位来实现。代码如下：

```
#brand img{
    position:absolute;
    right:0;
    bottom:-1px;
}
```

这时的效果如图6.26所示。

接下来，完成左侧的部分和页脚部分就比较简单了，具体方法这里不再详细介绍，作为读者的练习。最终效果如图6.27所示。

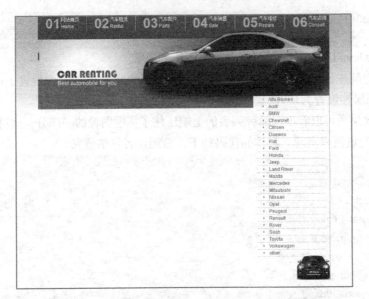

图 6.26　右侧的品牌列表

图 6.27　最终效果

6.7 实现超链接特效

　　下面来完成菜单部分和品牌列表部分的鼠标指针经过效果。实际上，在前面几个案例中，已经多次用到了这个技术要点，但是没有详细介绍，因此在这里作一个比较全面的讲解。

6.7.1 技术准备——设置超链接的 CSS 样式

在一个网站中，所有页面都会通过超级链接相互链接在一起，这样才会形成一个有机的网站。在各种网站中，导航都是网页中最重要的一个部分，因此出现了各式各样非常美观、实用的导航样式。例如，图6.28所示为微软公司关于Office的网页，上部的导航条和Office风格非常一致。

图 6.28 微软 Office 的网页

再如，图6.29所示为微软的另外一个网页，它的导航使用的是菜单的方式。对于一些内容非常多的大型网站，导航就显得更重要了。

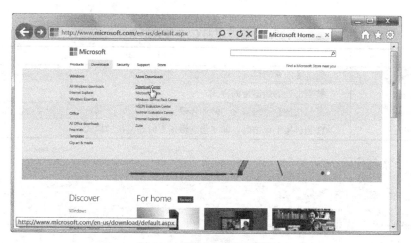

图 6.29 使用分级菜单的网页

当然要实现非常复杂的动态菜单是比较困难的，通常还需要JavaScript等技术的配合。本节就专门针对CSS中对超链接元素的设置方法进行讲解。

超链接是网页上最普通的元素，通过超链接能够实现页面的跳转、功能的激活等，因此超链接也是与用户打交道最多的元素之一。

在HTML语言中，超链接是通过标记<a>来实现的，链接的具体地址则是利用<a>标记的href属性，如下所示。

```
<a href="http://www.artech.cn"> 前沿视频教室 </a>
```

在默认的浏览器浏览方式下，超链接统一为蓝色并且有下画线，被点击过的超链接则为紫色并且也有下画线，如图6.30所示。

显然这种传统的超链接样式完全无法满足广大用户的需求。通过CSS可以设置超链接的各种属性，包括前面章节提到的字体、颜色和背景等，而且通过伪类别还可以制作很多动态效果。首先用最简单的方法去掉超链接的下画线，如下所示。

```
a{                              /* 超链接的样式 */
    text-decoration:none;       /* 去掉下画线 */
}
```

此时的页面效果如图6.31所示，无论是超链接本身还是被点击过的超链接，下画线都被去掉了，除了颜色以外，与普通的文字没有多大区别。

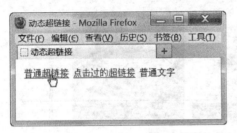 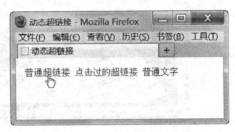

图 6.30　默认下的超链接　　　　　　　　图 6.31　没有下画线的超链接

仅仅如上面所述，通过设置标记<a>的样式来改变超链接，并没有太多动态的效果。下面介绍利用CSS的伪类别（Anchor Pseudo Classes）来制作动态效果的方法，具体属性设置见表6.1。

表 6.1　　　　　　　　　　　　可制作动态效果的 CSS 伪类别属性

属　　性	说　　明
a:link	超链接的普通样式，即正常浏览状态的样式
a:visited	被点击过的超链接的样式
a:hover	鼠标指针经过超链接上时的样式
a:active	在超链接上单击时，即"当前激活"时超链接的样式

请看如下案例代码。

```
<style>
body{
background-color:#99CCFF;
}

a{
font-size:14px;
font-family:Arial, Helvetica, sans-serif;
}
```

```
a:link{                              /* 超链接正常状态下的样式 */
    color:red;                       /* 红色 */
    text-decoration:none;            /* 无下画线 */
}
a:visited{                           /* 访问过的超链接 */
    color:black;                     /* 黑色 */
    text-decoration:none;            /* 无下画线 */
}
a:hover{                             /* 鼠标指针经过时的超链接 */
    color:yellow;                    /* 黄色 */
    text-decoration:underline;       /* 下画线 */
    background-color:blue;
}
</style>

<body>
<a href="home.htm">Home</a>
<a href="east.htm">East</a>
<a href="west.htm">West</a>
<a href="north.htm">North</a>
<a href="south.htm">South</a>
</body>
</html>
```

上例的显示效果如图6.32所示。可以看出，超链接本身都变成了红色，且没有下画线；而被点击过的超链接变成了黑色，同样没有下画线；当鼠标指针经过时，超链接则变成了黄色，而且出现了下画线。

从代码中可以看到，每一个链接元素都可以通过4种伪类别设置相应的4种状态时的CSS样式。

图 6.32　超链接的各个状态

> **注意**
>
> （1）不仅是上面代码中涉及的文字相关的CSS样式，其他各种背景、边框和排版的CSS样式都可以随意加入超链接的几个伪类别的样式规则中，从而得到各式各样的效果。
>
> （2）当前激活状态"a:active"一般被显示的情况非常少，因此很少使用。因为当用户单击一个超链接之后，焦点很容易就会从这个链接上转移到其他地方，例如新打开的窗口等，此时该超链接就不再是"当前激活"状态了。
>
> （3）在设定一个a元素的这4种伪类别时，需要注意顺序，要依次按照a:link，a:visited，a:hover，a:active这样的顺序。有人总结了有助于记忆的口诀——"LoVe HaTe"（爱恨）。
>
> （4）每一个伪类别的冒号与前面的选择器之间不要有空格，要连续书写，例如a.classname:hover，表示类别为".classname"的a元素在鼠标指针经过时的样式。

有了上面这些基础，就可以开始实践了。下面举几个实际的案例，来演示一下如何使用CSS将原本普通的链接样式变为丰富多彩的效果。

6.7.2　超链接效果

下面回到本章案例中，完成主菜单和右侧品牌列表的鼠标指针经过效果。

首先对品牌列表的鼠标指针经过样式进行一些设置。我们在这里设置的目标是：鼠标进入某一个列表项的范围时，列表项的文字移动到右端，并以粗体显示，背景由白色变为灰色，文字变为白色，如图6.33所示。

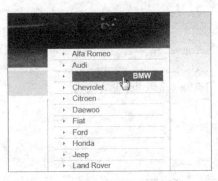

图 6.33　右侧品牌列表的鼠标指针经过效果

这里一个要解决的问题是，a元素原本是行内元素，也就是说只有鼠标指针移动到文字上的时候才能激活鼠标指针经过效果。在这个列表中，为了能够使鼠标指针进入表区域就激活鼠标指针经过效果，需要将a元素由行内元素转换为块级元素。

其余设置都是常规设置。代码如下：

```
#brand a:link{
    display:block;
    color:gray;
    text-decoration:none;
}


#brand a:hover,a:active{
    background-color:gray;
    color:white;
    text-align:right;
    text-decoration:none;
    font-weight:bold;
    padding-right:20px;
}
```

接下来设置顶部菜单的效果。当鼠标指针进入某一个菜单项目的范围时，数字编号变为红色，如图6.34所示。

这同样需要设置":hover"伪类别，但是和上面例子的区别是，仅仅里面的数字编号变色，这可以使用后代选择器来实现。

图 6.34　顶部菜单的鼠标指针经过效果

```
#menu a{
    display:block;
```

```
        color:white;
        text-decoration:none;
    }

#menu a:hover .number,#menu a:active .number,{
        color:red;
    }
```

至此这个案例就全部完成了。

6.8 兼容性检查

上面的所有效果都是在Firefox浏览器中显示的，而当一个页面真正上传到服务器以后，会有大量的访问者浏览这个页面，这些访问者使用的浏览器都是不一样的，不同的浏览器对同一个页面的显示效果可能会有所不同。因此我们必须保证在各种浏览器中，都可以看到正确的效果。

首先，我们应该了解一下，需要在哪几种浏览器中进行兼容性的检查。这个问题并不能一概而论，现在浏览器的种类有10种以上，如果每种都要测试，工作量会很大，也没有必要。

这里给出的建议是，一定要保证在IE 6、IE 7和Firefox这3种浏览器中能够正确显示，如果在这3种浏览器中都可以正确显示，就可以保证99%以上的访问者可以正确地浏览网页。

现在用IE 6浏览器打开上面制作好的网页，可以看到果然出现了一些问题，如图6.35所示。可以看到顶部菜单的最右一项被顶到了下一行，这显然是有问题的。

图 6.35　在 IE 6 浏览器中顶部菜单发生错位

这是什么原因造成的呢？这是由于IE 6浏览器存在的一个错误导致的。在IE 6中存在着一些软件本身的错误以及一些与CSS规范不一致的地方，这都可能导致显示不正确。这里这个错误称为"浮动水平margin加倍"错误，这个错误的具体描述是"一个浮动盒子在IE 6中显示的时候，水平方向的margin会加倍"。在上面制作顶部菜单时，将菜单项的数字标号设置为浮动，并设置了左右margin分别为20像素和2像素。因此在IE 6中，它们将分别错误地显示为40像素和4像素，这样，最右边的一项就被顶到下一行了。

那么如何解决这个问题呢？解决问题的方法通常是人们在实践中摸索出来的，并没有什么特别的道理可以解释，就像我们生活中的一些"偏方"，虽然说不清原因，但是有效。

解决这个错误的方法就是对数字编号这个盒子增加一条CSS样式设置。

```
display:inline;
```

这样，既不会影响在Firefox和其他浏览器中的显示效果，也可以修正在IE 6中的显示。

经验

随着学习过程的深入，读者可能会渐渐发现，学习CSS需要花很多精力不断积累解决兼容性问题的经验。因为类似的问题还有很多，所以只能在不断的实践中慢慢积累经验。

读者可以在互联网上查看下面这4篇文章，它们对浏览器的兼容性问题做了比较深入的介绍。

http://learning.artech.cn/20071119.css-browser-debug.html

http://learning.artech.cn/20080129.css-debug-skills.html

http://learning.artech.cn/20080203.firefox-ie-css-hack.html

http://learning.artech.cn/20081011.web-design-and-browser.html

6.9 本章小结

在本章中，为一个假想的汽车服务公司制作了网站。通过这个案例，复习了前面几个案例中用到的各种技术。希望读者能够通过前6章的学习，逐渐体会到使用CSS布局时的一些基本思路。并且通过对这些案例的练习，能够使用这些技术制作出更精彩的网页来。

第7章

橘汁仙剑游戏网站（静态）布局

　　随着互联网的进一步发展，很多人开始投身于互联网事业，很多"草根"网站和站长仿佛在一夜之间涌现。但是他们中间成功的又有几个呢？很多人往往是想法太高，有些不切实际。例如有的人想去做很全面的门户网站，试想，现在的门户站点这么多，新浪、搜狐……一个新的门户站点很难超过这些站点。因此，找准自己的定位，根据自己的兴趣爱好，从小做大，不失为一个明智的选择。在本书后两章里，我们将以自己的兴趣爱好——仙剑奇侠传这款游戏为例，结合自己建立橘汁仙剑网的经历，为大家示范一下如何从最基础的层面开始，做一个较为专业的游戏站点。

课堂学习目标

- 了解建立网站的构思设计
- 掌握切片的制作和生成
- 掌握页面的制作方法

7.1 构思设计

构思设计可以说是建立网站的第一步，也是最重要的一步。一个好的构思将对一个站点的日后发展起到举足轻重的作用，一个好的设计也会带来很好的用户体验，这对发展潜在用户仍然功不可没。那么如何进行合理的构思和设计呢？请看本章实例——橘汁仙剑网静态版的制作，如图7.1所示。

图 7.1　橘汁仙剑网的首页

7.1.1 站点分析定位

构思设计之前我们首先需要对自己的站点进行简要的分析，这一步虽看似简单，但相当重要。对自己的站点进行构思是在制作前对整个站点的一个规划，就好像创作前在心中已经有了作品的大体模样，这样创作出来的作品才能一气呵成，防止制作时手忙脚乱，没有头绪。

1. 网站性质

拿本章实例来说，我们建设的是一个游戏站点，具体来说是有关仙剑奇侠传的专题站点。那么这个站点的性质就确定了，我们要紧密结合这个游戏的性质和最突出的特点来构思此站点。

2. 网站定位

对于一个新的网站来说，一个合适的定位是网站聚集人气的基础。最好从小的目标开始，即使人力、物力等资源丰富，也最好从小处着手，做小做精，然后谋求更大的发展。如美国著名的社交网站Facebook，最初该网站是为美国部分著名高校的学生提供服务的社区，而后来才开始面向社会开放。如果一开始就向社会开放，很难想象Facebook能否流行起来。

注意　　　除了美国的Facebook网站，大家还可以参考国内的著名SNS社区——校内网，看看它的发展道路，就会明白最初的定位是多么重要了。

以上两个实例都是定位用户群的成功案例。拿本章实例橘汁仙剑网来说，我们的用户群主要是大陆的仙剑爱好者，一般10～30岁的年轻人居多。

然后就是建站的目的。这就涉及网站的口号或者标语。给自己的网站起一个响亮的口号或者标语，不仅有利于日后的宣传，更重要的是让你在网站建设过程中，始终把握网站的定位，让网站显得更加专业。这里将网站的口号定为"支持民族游戏发展，让仙剑成为一种文化"。显示出我们支持仙剑发展的决心，更容易聚集铁杆玩家。

接下来是网站的特色。网站的特色是一个网站区别于其他站点的重要特征，同时也是网站的竞争优势。如仙剑奇侠传类的网站，根据笔者的调查，很多都只是论坛，所以我们的特色是制作一个资料聚合类的站点，将游戏相关资料聚合起来，省去了在论坛一一查找的麻烦，这就是我们的特色。

最后大家还需要去考虑服务器、维护成本和人员等多方面信息，这里就不再详细阐释。

7.1.2 学习考察同类站点

"子曰：三人行，必有我师"。多向同类站点学习和借鉴，有利于明确自己的竞争优势，从而在同类站点中立于不败之地。

在建立橘汁仙剑网这个网站之前，我们广泛地考察了相关的同类站点。建议大家在考察相关站点情况的时候勤于分析，分析这个网站的成功之处在哪里，有什么样的特色并且进行整个页面的截图，方便日后浏览查阅。另外在网站的设计中，我们也可以参考一些国内外著名的站点，从中获取灵感和素材。这里我以新浪网仙剑各个系列的板块和久游网的仙剑OL板块为例，分析这些网站的特色和我们应该借鉴的地方，然后提出我们所需要的模式。

久游网的仙剑OL板块做得很简洁。封面是以简洁大方的形式制作的，如图7.2所示。单击进入首页，如图7.3所示，我们发现整个首页制作得简单明了，板块分布合理且不单调，顶部导航也完全采用Java技术，界面华丽，很有视觉效果。整个页面以粉色和紫红色为主色调，也很符合游戏的特点。

图 7.2　久游网仙剑 OL 封面

分 析

图 7.3　久游网仙剑 OL 首页

分析

新浪网的仙剑四板块（如图7.4所示）可以说花费了很多工夫，比新浪网其他仙剑系列的板块都要做得精美。我们可以很清楚地看到，整个站点采用了统一的棕褐色风格，让人感觉浏览这些页面的时候，仿佛置身于一个文化长廊，很符合仙剑丰厚的文化底蕴。由于新浪网仙剑栏目里板块多，各个板块（如博客、视频等）联系紧密，因此首页显得内容丰富、充实。这里我们为了节约篇幅，仅截取了网页的一部分。

图 7.4　新浪网仙剑四板块

由于篇幅所限，这里仅提供了两个比较有代表性的网站的简要分析。如果读者有兴趣，可以参考一下其他网站的设计并做进一步的分析比较。我们这里提供几个比较不错的界面设计，如图7.5和图7.6所示，请读者根据自己的理解，自行分析其他站点设计。

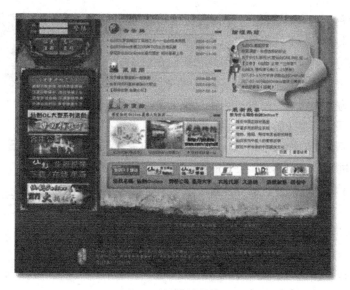

图 7.5　仙剑 OL 专题站

图 7.6　新浪网仙剑三外传板块

7.1.3　构思规划站点

经过站点的分析策划以及对同类站点的考察之后，我们就可以构思自己的站点了。像建筑工程师在建筑前需要绘制效果图一样，在这个步骤中，我们就需要制作出自己的站点的"效果图"。

分析构思的时候，建议大家回想一下自己对网站的规划，结合自己的特色，借鉴同类站点中优秀的设计元素，体现自己网站的特点，做出一个有自己特色的效果图。

> **提 示**　借鉴并不等于抄袭，抄袭别人的作品既是可耻的，也是违法的。借鉴别人网站的元素是指我们可以学习其整站的风格，借鉴一下其具体某一块的制作，如板块框架的制作等，然后在此基础上进行设计制作。

我以橘汁仙剑网为例，叙述一下我当初建站时的分析。首先需要再次回想一下站点的定位和口号"支持民族游戏发展，让仙剑成为一种文化"。因此，我们在设计中要突出仙剑丰厚的文化底蕴。可以借鉴新浪网的形式，整个页面以棕褐色为主体颜色。另外，为了反映仙剑那种柔美的爱情故事，可以借鉴久游网的风格，把背景颜色设置为淡粉色。页头部分我们加入了站点Logo和仙剑四的主人公，让游戏氛围进一步得以体现。在Logo和主人公之间的空白处我们加入了网站的口号，更加体现了网站的特色。通过素材的收集、创造、整合，在Photoshop中完成了首页的效果图制作，如图7.7所示。

另外，我们考虑到网站还需要分类目录页面、文章浏览页面和用户面板页面，为了使网站的风格更加统一，我们将上述页面制作如下，效果如图7.8～图7.10所示。

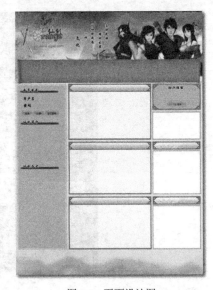

图 7.7　页面设计图

图 7.8　分类目录页面效果

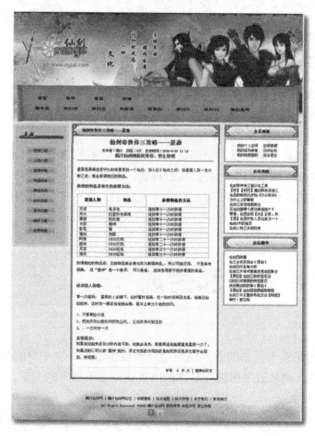

图 7.9　文章浏览页面效果

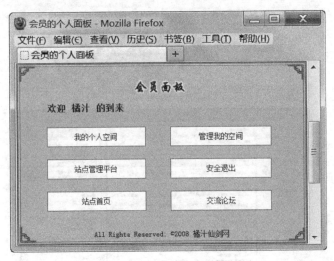

图 7.10　用户面板页面效果

　　可以看出我们这些页面的特点：

　　分类目录页面的头部和首页是一样的，左侧是分类导航，中部是分类中文章列表，右侧是用户面板、论坛等一些相关信息。

　　文章浏览页面左侧是目录导航，中部是文章的内容，右侧和分类目录的右侧相同。

　　用户面板页面采用了面板居中对齐的显示样式，没有其他多余内容，显得简洁实用。

　　就这样，我们把橘汁仙剑网的所有页面设计完成了，接下来我们的任务就是制作切片。

7.2　切片制作和生成

　　切片的制作是指将整个网站的效果图通过分割操作生成一块一块的小图，以供后期网站页面制作使用，这是将网站效果图转为具体的网页文件必不可少的一步。

7.2.1　切片的制作

　　切片的制作主要是在设计软件中完成的，例如Photoshop和Fireworks，大家可以根据自己的喜好选择设计软件。

提 示 　　建议大家在哪款软件中设计效果图，就在哪款软件中进行切片的划分和生成。这样可以基于在设计的时候创建的参考线等辅助性的东西直接划分切片，会更加方便和准确。

这里我们以首页的切片制作为例，教大家如何根据自己的需求合理地划分切片。在Photoshop中，打开完成的效果图的PSD源文件，选择好切片工具，按照以下步骤进行操作。

1. 分割页面头部

从效果图可以看出，如果我们不加分割而直接输出一张完整的图片的话，这个文件就会变得比较大，那么用户在打开页面的时候就会很不耐烦。另外，如果图片打开失败，那么整个头部将无法正常显示，用户体验就会大打折扣。解决的办法是将首页头部分割成一个一个的小图片，这样，用户在打开页面的时候，浏览器是一个一个的图片加载，即使有个别图片无法正常显示，也不会影响到其他图片的加载。

注 意 　　图片也不是分得越多越好，以此为例，我们将其分为10张图片。

2. 分割中部的主体内容

中部的主体内容主要是一些板块的划分。这里我们只需要划分一部分的板块就行了，因为每一列板块的展现形式基本上是一样的，只要每一类的形式划分出来，其余的可以共用。为了日后发布信息、展示信息更方便，我们将每一个板块再划分为两个部分，一个是标题栏，另一个是背景。对于左侧的标题栏，由于它采用了艺术字的效果，因此我们直接将其切割下来作为单独的一部分，如图7.11所示。

图 7.11　左侧的标题栏切割示意

注 意 　　如果标题是直接用设计软件制作好的，如加了图层样式等，这样就只能作为一张单独的图片进行切片的划分，最后在网页中体现出来的就是一张完整的图片、一个完整的标题。

3. 页脚的切割

这里的页脚是一个缥缈的山的图片，主色调为粉色、白色，而没有其他多余的颜色。这种构成颜色少的图片，我们可直接将其作为一个整体切割出来，也不会占用很大的空间。

> **提 示**
>
> 　　如果图片构成的颜色较少，如这里的页脚，哪怕图片很大，我们也可以直接将其划分为一个整体，因为图片的大小主要是由其中的颜色构成决定的。颜色比较多的图片，如我们的页头文件，就要划分成小图，否则整张图片会很大；颜色少的图片可以不用具体划分，以省去制作的麻烦。
>
> 　　另外，这里划分页脚为一个整体还有另外一个目的，就是方便日后HTML文件的制作。在CSS文件中，我们可以直接将页脚的图片作为页脚的背景，这样在上面添加内容就会方便许多。

7.2.2　切片的生成

　　经过切片的划分这个步骤之后，大家仔细检查是否有忘记划分的地方，如果没有，先按"Ctrl+S"组合键保存一下文件，然后单击菜单栏中的"文件"→"存储为Web所用的文件"命令，就会弹出"输出"对话框。这里，我们既要进行合理的输出使网页达到较好的展示效果，同时也需要保证输出文件的大小不至于过大，以免影响到页面的打开速度。因此，我们采用下面的办法。

　　（1）头部导航栏的图片色彩丰富，处于页面关键位置，我们采取输出jpg格式的方法，通过不断地调整品质大小在图片大小和质量之间寻求一个平衡点。以橘汁仙剑网为例，头部导航的图片采用的是65的品质，输出的每个小图的大小控制在5kB左右，显示效果不错。

　　（2）中间主体内容区域的切片由于颜色较少，基本以过渡色为主，因此我们均采用了gif 32仿色的输出格式进行输出。

　　（3）页脚处的图片和中部主体内容一样，颜色较少，我们同样采取gif 32仿色的输出格式进行输出。

　　全部调整完毕后，存储进行输出。

> **技 巧**
>
> 　　切片很多，一个一个地选取设定是不是很麻烦？这里教大家一个小技巧。
>
> 　　（1）在存储为Web和设备所用的对话框的左侧工具栏中选择切片工具；
>
> 　　（2）在输出的图片预览窗口按"Ctrl+A"组合键进行全选，因为这里我们设置的gif输出格式较多，所以此时在右侧的输出格式中设置为gif 32仿色；
>
> 　　（3）依次点选头部中需要输出为jpg格式的切片并分别设置相应的输出格式。

　　大家可以按照上述方法对分类目录页面、文章浏览页面和用户面板页面进行切片的生成和输出。

7.3　页面制作

　　切片生成之后，我们就需要制作HTML页面了。本节我们将分为5个小节具体地讲解HTML框架的构建和CSS的写法。

7.3.1 整体框架的构建

我们这次的页面布局为1-3-1固定宽度布局，具体的布局方法请大家参考《CSS设计彻底研究》一书，这里仅给出大体框架，页面布局如图7.12所示。

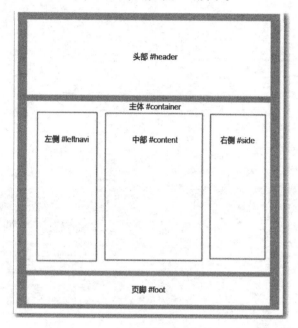

图 7.12 页面布局示意图

对本布局做如下分析。

首先，页面采取固定宽度且居中的办法，构建一个大的div，然后分成3个div，分别对应头部#header、中部#container、页脚#foot这3个部分，中部的3列采取浮动定位法进行布局的构建。这样大体框架就出来了，HTML代码为

```
<div>
<div id="header">
    ……这里放置头部内容……
</div>
<div id="container">
  <div id="leftnavi">
      ……这里是左侧导航……
  </div>
  <div id="content">
      ……这里是中部主体内容……
  </div>
  <div id="side">
      ……这里是右侧内容……
  </div>
</div>
<div id="foot">
    ……这里是页脚的相关内容……
```

```
    </div>
    </div>
```

相应的CSS代码为

```
body {
    margin:0;
    padding:0;
    }
#header,#foot,#container {
    margin:0 auto;
    width:1002px;
    }
#leftnavi {
    float:left;
    width:265px;
    }
#content {
    float:left;
    width:440px;
    }
#side {
    float:left;
    width:258px;
    }
#foot {
    clear:both;
```

这样整个页面的框架就构建出来了，接下来我们要对每个部分进行具体的分析和制作。

7.3.2 头部的制作

由于站点采取统一样式，因此头部内容均一样，我们只需要制作首页的头部文件，然后复制到其他所需的页面中，即可使整个站点的头部采取统一的样式。本案例的最终效果如图7.13所示。

图7.13 站点头部的最终效果

经验 　很多网页设计师在切片划分之前就已经有了页面制作的计划，如头部该怎么制作？是用div呢，还是用表格？这样思考过后，不仅制作切片的时候条理清晰，而且在这一步开始写HTML的时候也会得心应手，不至于没有头绪。

可以看出，头部主要由两大部分构成，一部分是顶部的含有仙剑四四大主角的静态图片，另一部分是站点主导航栏，因此我们分两部分讲解。

1. 头部静态图片的放置方法

根据我们的切片划分情况（顶部图片被分成了一个一个的小图片），这里我们可以采用原始的表格布局方法放置这些图片。HTML代码如下：

```html
<div id="header">
　<div>
　　<table width="1002px" border="0" cellspacing="0" cellpadding="0">
　　<tr>
　　　<td><img src="images/head_01.jpg" width="200" height="125" /></td>
　　　<td><img src="images/head_02.jpg" width="201" height="125" /></td>
　　　<td><img src="images/head_03.jpg" width="200" height="125" /></td>
　　　<td><img src="images/head_04.jpg" width="201" height="125" /></td>
　　　<td><img src="images/head_05.jpg" width="200" height="125" /></td>
　　</tr>
　　<tr>
　　　<td><img src="images/head_06.jpg" width="200" height="124" /></td>
　　　<td><img src="images/head_07.jpg" width="201" height="124" /></td>
　　　<td><img src="images/head_08.jpg" width="200" height="124" /></td>
　　　<td><img src="images/head_09.jpg" width="201" height="124" /></td>
　　　<td><img src="images/head_10.jpg" width="200" height="124" /></td>
　　</tr>
　　</table>
　</div>
</div>
```

分析 　有的读者可能会问，为什么不用div放置这些图片呢？我们仔细观察可以发现，这些图片的大小并非完全一样。如果采取div放置的方法，考虑到div是块级元素，我们还得给这些div赋予float属性和相关的大小，较为麻烦。采取表格布局的办法放置这些图片，直接将表格宽度设置为0，表格也可以自适应这些图片的大小，因此较为方便。由此我们也可以看出，网站采用DIV+CSS的布局样式，并不是完全排斥表格的布局，在适当的时候采用表格布局的方式，会收到很好的效果。

2. 制作站点主导航

放置完顶部图片之后，接下来我们就要制作主导航#mainnav了。主导航的背景定义为顶图的下部分，是一个完整的图片。由于我们要将主导航分为两栏，因此采用两个<ul>标记的方法。HTML代码如下：

```
<div id="mainnav">
    <ul>
        <li><a href="http://www.ojpal.com"> 首页 </a></li>
        ……省略其他导航内容……
    </ul>
    <ul>
        ……省略第二行导航内容……
    </ul>
</div>
```

我们根据主导航的背景图片定义#mainnav及ul的CSS样式。

```
/* 头部 */
#mainnav {
    width:900px;
    height:60px;
    background:url(mainnav.jpg) no-repeat;
    padding:34px 52px 31px 50px;
}#mainnav ul {
    width:890px;
    height:35px;
    list-style:none;
    }
```

这样的话，因为默认情况下<li>标记是竖直排列的，所以我们给<li>标记赋予float:left属性，使其横向排列。

```
#mainnav ul li {
    float:left;
    }
```

我们打算每个<ul>标记在横向上能够容纳8～9个<li>标记，因此我们把每个<li>标记的宽度定义为width:11%，将<li>标记的CSS样式修改为

```
#mainnav ul li {
    float:left;
    width:11%;
    }
```

最后就是定义每个<li>标记中超级链接的样式，如字体、字号和颜色等。具体的CSS样式如下：

```
#mainnav ul li a,#mainnav ul li a:visited {
    text-decoration:none;
    text-align:center;
    font-family:" 华文隶书 "," 隶书 ";
    font-size:16px;
    font-weight:bold;
    color:#3c0a0c;
```

```
display:block;
margin:0 9px;
padding:2px 0;
}
```

至此，我们已经完成了所有页面头部的制作，在各个浏览器里预览一下效果，没有发现什么问题，如图7.14所示。

图 7.14　完成的头部制作

7.3.3　首页左侧信息栏的制作

从页面设计图（如图7.7所示）和页面布局示意图（如图7.12所示）可以看出，首页中部主体分为3列，左侧为信息栏#leftnavi，它包含用户面板和游戏的相关介绍；中部为内容栏#content，它主要是最近更新的内容，并进行列表的展示；右侧为附属的栏目#side，如搜索栏、赞助商的广告以及站点公告之类的内容。由于前面已经制作好了大体框架，因此接下来，我们将对每一栏进行具体的制作。本节我们先从左栏的制作开始，本实例的效果如图7.15所示。

从图7.15中可以看出，左侧信息栏外部是一个圆角的边框。由于这里我们并不需要让这个圆角边框自适应宽度，因此直接将圆角的上部和下部的切片以图片的形式分别放置在两个div中，然后将这两个div直接放置在#leftnav里，#leftnav采用CSS定义背景的方式实现圆角边框的主体部分。同时，在圆角的上部和下部两个div的中间，再放置3个div，分别对应左侧信息栏的3个板块。这样，我们的HTML的整体框架就构建好了。代码如下：

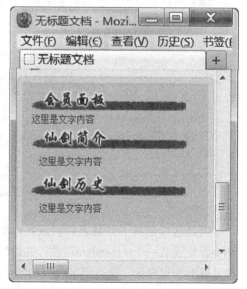

图 7.15　左侧信息栏效果图

```
<div id="leftnavi">          /* 左侧 */
  <div><img src="images/lefttop.gif" /></div>  /* 以 div 放置图片形式实现圆角 */
  <div id="leftcon">
    <div class="member">
```

```
        <div class="userpanel">
        <h3> 会员面板 </h3>      /* 每个小板块的标题 */
        ……放置内容……
       </div>
      </div>
      <div class="palintro">
        <h3> 仙剑简介 </h3>
        ……放置内容……
       </div>
      <div class="history">
        <h3> 仙剑历史 </h3>
        ……放置内容……
       </div>
     </div>
     <div><img src="images/leftbottom.gif" /></div>  /* 以 div 放置图片形式实现圆角 */
     </div>
```

链接　　　　本案例中提到的这个圆角框的实现方法为两背景图像法，具体请见《CSS设计彻底研究》一书中的11.2固定宽度圆角框。当然，大家也可以用《CSS设计彻底研究》中11.2.3带边框的固定宽度圆角框中提到的方法实现本案例的效果，请读者自行实践。

接下来设置每一个板块的h3标题。我们已经分别为3个板块的div定义了不同的class，原因是这样我们就可以将每一个class的h3背景设置为相应的艺术字的图片。相应的CSS代码如下：

```
#leftcon .member h3 {
    background:url(member.gif) no-repeat left top;
    }
#leftcon .palintro h3 {
    background:url(palintro.gif) no-repeat left top;
    }
#leftcon .history h3 {
    background:url(history.gif) no-repeat left top;
    }
```

但是这样定义了背景之后，放在<h3>标记中的字还是显示在上面的，所以我们给每个<h3>标记设置一个text-indent属性，并给这个属性设置一个较大的值，使得h3标题中的字无法在屏幕上直接显示，既达到了我们隐藏<h3>标记中文字的效果，又能够让搜索引擎的蜘蛛看到，有利于站点的收录。在CSS中加入对<h3>标记的控制。

```
#leftcon .member h3, #leftcon .palintro h3, #leftcon .history h3 {
    width:207px;
    height:27px;
    text-indent:-9999px;
    }
```

经验

text-indent属性被广泛地应用于文字的"隐藏"，如将其设置为-9999px等较大的负值，这样做的目的是将文字设置到屏幕的外面，由于现在的屏幕还没有这么宽，因此用户自然看不到。搜索引擎只是看HTML，所以它能够"看到"这些文字，从而能够让蜘蛛了解这个是什么内容，有利于站点收录。

至此我们的左侧信息栏就制作完成了。

7.3.4　首页中部内容栏的制作

这里由于各个板块的样式均一样，因此我们只以一个板块为例进行说明。本案例的最终效果如图7.16所示。

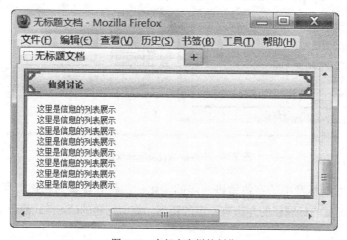

图 7.16　中部内容栏的制作

对于内容，我们采用项目列表的方式进行展示。我们定义一个板块的div的id为"contentdiv"。这样，我们写出一个板块的HTML代码。

```
<div id="content">        /* 中部内容 */
  <div class="contentdiv">
    <h4> 最新资料 </h4>
    <ul class="msgtitlelist">
     <li>……省略展示内容……</li>
    </ul>
  </div>
  ……省略相同的 div……
</div>
```

我们所需要的效果是每个板块的宽度均固定，高度自适应。标题采用h4标题，通过定义标题背景为maintop.gif这个图片实现板块头部的效果。然后板块div的背景采用图7.17所示的这张图片实现边框效果。

相关的CSS代码如下：

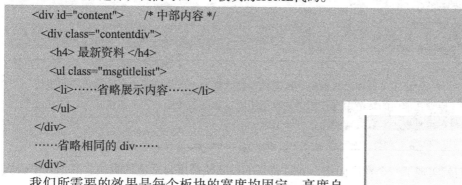

图 7.17　中部 div 背景 mainbg.gif 示意

```
.contentdiv {
    background:url(mainbg.gif) no-repeat left bottom;
    margin-bottom:10px;
    }
.contentdiv h4 {
    background:url(maintop.gif) no-repeat left top;
    }
```

可以看到，这张图片与我们直接进行切片生成的图片并不完全一样，它显得长了很多，这样是为了防止内容太多，背景图不够用。接下来通过设置background属性的对齐方式为left bottom，使它沿底部对齐，这样我们就实现了内容高度自适应的板块，效果如图7.18所示。

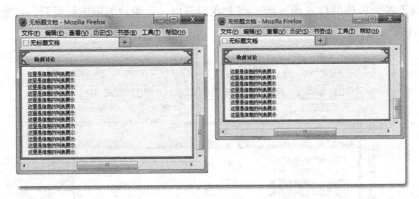

图 7.18　中部板块自适应高度效果

最后，我们对h4标题中的字体做进一步的美化，如将其设置为粗体，字号为13号。通过padding值的设置使其与标题栏的左边有一定的距离。将h4标题的CSS样式修改如下：

```
.contentdiv h4 {
    background:url(maintop.gif) no-repeat left top;
    padding:15px 0 11px 35px;
    font-size:13px;
    color:#3c0a0c;
    font-weight:bold;
    }
```

提　示　　　大家还可以使用其他的"滑动门"技术将这个板块改造为自适应内容的板块，原理在前面的章节中有介绍。这里采用固定宽度的布局，并不是很复杂，因此就不再重复表述，有兴趣的读者可以试验一下。

这样我们就实现了一个宽度固定、通过背景的设置使高度自适应的板块。其他几个板块的制作方法和这个是一样的，这里就不再赘述。

7.3.5　在页面右侧添加百度搜索

现在基本上所有的站点都有站内搜索的功能，它一般是通过后台脚本语言程序配合数据库实现的。这里由于我们讲述的是静态页面的制作，因此就不再学习如何设计程序实现站内搜索了，但是我们可以通过添加免费的搜索引擎代码实现搜索功能。这里选择了百度的免费搜索代码。当然，大家也可以添加Google的免费搜索代码。本案例的最终效果如图7.19所示。

图 7.19　百度搜索的效果图

首先在浏览器里输入网页地址 "http://www.baidu.com/search/freecode.html" 打开网页，找到合适的代码。我们这里选择了可以搜索自己网站内容的搜索代码。源代码如下：

```
<SCRIPT language=javascript>
function g(formname)  {
    var url = "http://www.baidu.com/baidu";
   if (formname.s[1].checked) {
        formname.ct.value = "2097152";
}
else {
        formname.ct.value = "0";
}
formname.action = url;
return true;
}
</SCRIPT>
<form name="f1" onsubmit="return g(this)">
   <table bgcolor="#FFFFFF" style="font-size:9pt;">
     <tr height="60">
        <td valign="top">
            <img src="http://img.baidu.com/img/logo-137px.gif" border="0" alt="baidu">
        </td>
        <td>
            <input name=word size="30" maxlength="100">
            <input type="submit" value=" 百度搜索 "><br>
            <input name=tn type=hidden value="bds">
            <input name=cl type=hidden value="3">
            <input name=ct type=hidden>
            <input name=si type=hidden value="www.guoxue.com">
            <input name=s type=radio> 互联网
            <input name=s type=radio checked> www.guoxue.com
        </td>
     </tr>
   </table>
</form>
```

显示的效果如图7.20所示。

可以看出，这个效果并不能满足我们的需求，我们可对这些代码做如下改进。

图 7.20　百度搜索框默认的显示效果

（1）左边的百度Logo太大，因此我们可以将其中的图片地址替换成一个百度Logo小图的地址"http://img.baidu.com/img/logo-80px.gif"，这样图片就小了很多。

（2）这个搜索采用的是表格布局，可以尝试改成DIV+CSS布局样式，从而更加方便地控制这个搜索面板的显示方式。

（3）百度搜索这个按钮是放在输入框右边的，显然不符合我们的要求，因此我们把 <input type="submit" value="百度搜索">
这句移动到</td></tr></table>的上面，然后通过定义CSS使其显示成我们实现制作好的按钮图片。

（4）把其中的域名改成自己的站点域名，这样才能搜索自己的网站。

经过上述步骤，改后的代码如下：

```
<SCRIPT language=javascript>
    function g(formname)          {
        var url = "http://www.baidu.com/baidu";
        if (formname.s[1].checked) {
            formname.ct.value = "2097152";
        }
        else {
            formname.ct.value = "0";
        }
        formname.action = url;
        return true;
        }
</SCRIPT>
<div>
<form name="f1" onsubmit="return g(this)">
        <img src="http://img.baidu.com/img/logo-80px.gif" />
        <input name=word size="30" maxlength="100" class="searchinput"><br />
        <input name=tn type=hidden value="bds">
        <input name=cl type=hidden value="3">
        <input name=ct type=hidden />
        <input name=si type=hidden value="ojpal.com">
        <input name=s type=radio checked class="searchcheck"> ojpal.com
        <input name=s type=radio class="searchcheck"> 互联网 <br>
        <input class="searchbtn" type="submit" value=" 百度搜索 ">
    </form>
```

然后，我们开始控制它的显示样式。相关的CSS代码如下：

```
/* 搜索代码 */
.search {
    background:url(search.gif) no-repeat;
    height:106px;
    width:218px;
    padding:30px 20px 0 20px;
    font-size:12px;
    }
.search img {
```

```
        margin:0 5px 0 0;
    }
.searchinput {
    width:110px;
    border:1px solid #9c8059;
    }
.searchbtn {
    background:transparent url(btn.gif) no-repeat left top;
    height:26px;
    width:97px;
    line-height:26px;
    text-align:center;
    border:none;
    margin:10px 0 5px 60px;
    }
```

上述代码简要解释如下。

第1段，定义整个板块div的背景图、宽度和高度等属性。

第2段，设置百度Logo的margin属性，使其与搜索框有一定距离。

第3段，设置搜索框的宽度，防止其默认宽度太大。

第4段，设 置搜索按钮的背景。

通过定义input的border属性，我们给输入框加上了漂亮的边框效果，使其与网站的风格相适应。但是我们发现单选框也跟着加上了边框，显得很难看，如图7.21所示。

所以我们单独给单选框定义一个class为searchcheck，并给它设置一个属性"border:none"，将下面的这行CSS代码加在上述CSS代码的后面。

```
.searchcheck {border:none; }
```

这样做的原理是，根据CSS的继承性，取消了单选框的边框，使其显示为默认的圆圈形状。这样再预览一下效果，单选框就可以正常显示了，如图7.22所示。

图 7.21 单选框被加了边框

图 7.22 单选框正常显示

这样我们就把搜索面板做好了，到浏览器里预览一下，没有发现什么问题。有的读者可能会迫不及待地输入内容搜索一下，结果发现什么也没搜到，这是为什么呢？原因有两个：一是网站并没有添加内容，二是网站还没有被百度收录，只有被百度收录的内容才能通过这个搜索框搜到。

7.3.6 在页面右侧添加广告位

可以说，广告是大多数站长的重要收入来源之一，甚至有的人说，没有广告的网站不是好网站。这里我们将学习如何在网站页面的右侧添加广告位。

我们可以直接将那个切片作为背景图，这样虽然显得很方便，但是扩展性很差。如果广告的高度不一定的话，就无法正常显示背景了。这里我们可以很方便地使用DIV+CSS取代图片，模仿这个效果的实现。原理很简单，外层div设置边框的颜色为图片最外层的细边框的颜色。外层div中嵌套一个小的div，背景色设置为白色，边框设置为3像素，边框颜色设置为图片中较粗的边框的颜色。通过合理地设置里层div的宽度，使较粗的棕褐色边框显示出来。示意图如图7.23所示。

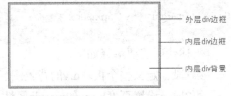

图 7.23　板块制作方法示意图

这个是相关的HTML代码，很简单。

```
<div class="act">
    <div></div>
</div>
```

这个是相关的CSS代码。

```
.act {
    border:1px #9c8559 solid;
    width:256px;
    }
.act div {
    border:3px #e2d2a8 solid;
    width:250px;
    background:#FFF;
    }
```

注意　这里大家务必要计算好边框的宽度，否则将出现错误的显示效果。需要注意的是width所表示的范围，这就需要大家深入了解盒子模型。

7.3.7 分类目录中导航的制作

在前4小节中，我们已经学会了一个页面的中部主体的制作方法，这样我们就能制作出一个较为完整的页面了。接下来我们需要完成分类目录页面中左侧导航的制作，这里就不再讲解整个分类页面的制作了，仅做简要的提示。

分类页面的主体和首页基本相同，但有以下两点区别。

● 左侧导航栏变窄了，用户面板被移动到了页面主体右侧的部分。

● 中部内容列表展示的板块相应变宽。

对于第一个变化，制作方法和首页是一样的，只不过需要在CSS中更改相应的背景图。对于第二个变化，制作方法也和首页中部内容栏的制作方法相同，只需要更换相应的图片就行了。如果当时使用了滑动门技术的话，就基本不需要改变了。但是，由于我们是固定宽度布局的，因此这里直接使用背景图更换、改变div宽度的方法即可。

接下来，我们进入本小节的主题，介绍左侧竖排导航的制作。本案例的最终效果如图7.24所示。

图 7.24 分类目录中的左侧导航

首先写出HTML代码。

```
<div id="wenleft">
  <div class="wenlefttop"></div>
  <div class="wenleftcon">
    <h3> 导航 </h3>
    <ul>
      <li>……省略导航文字列表……</li>
    </ul>
  </div>
  <div class="wenleftbot"></div>
</div>
```

按照我们的构思，每个导航有统一的背景，鼠标指针移到它上面之后，背景就会做相应的更改。由于这里我们每个导航的字数都是固定的，因此制作起来相对简单很多。操作步骤如下。

① 因为这个导航栏相比首页的左侧导航栏变窄了，所以我们要给它重新定义样式，但是制作这个宽度固定、高度自适应的导航栏，其方法和7.3.3中首页左侧信息栏的制作方法是一样的，这里仅给出CSS代码。

```
.wenlefttop {
    background:url(wenlefttop.gif) no-repeat left top;
    width:191px;
    height:14px;
    }
.wenleftcon {
    padding:10px 0 0 18px;
    }
.wenleftbot {
    background:url(wenleftbot.gif) no-repeat left bottom;
    width:191px;
    height:11px;
    }
```

② 对h3标题进行设置，用事先切好的图片替换"导航"两个字；同时，用我们在7.3.3小节中讲到的text-indent属性隐藏文字的方法对h3标题中的"导航"两字进行隐藏，只显示背景图片。

```
.wenleftcon h3 {
    background:url(daohang.gif) no-repeat left top;
    text-indent:-9999px;
    width:156px;
    height:28px;
    }
```

③ 设置<ul>标记、<li>标记的padding和margin，控制每个按钮的位置。

```
.wenleftcon ul {
    padding:20px 0;
    }
.wenleftcon ul li {
    margin:8px 0 8px 30px;
    }
```

④ 接下来我们将定义按钮的链接样式，这也是最为重要的几步。首先给<a>标记定义一个背景图片作为按钮的背景图，通过height，width属性控制按钮高度和宽度，使按钮的背景完全显示。

```
.wenleftcon a,.wenleftcon a:visited {
    background:url(btn.gif) no-repeat left top;
    height:26px;
    width:97px;
    }
```

⑤ 定义鼠标指针经过按钮时的背景图，实现鼠标指针经过按钮的时候背景更换效果。

```
.wenleftcon a:hover {
    background:url(btn-on.gif) no-repeat left top;
    text-decoration:none;
    }
```

⑥ 对按钮进行美化，设置按钮文字的样式。通过display:block属性使鼠标指针在按钮的任何一个地方都能激活按钮。将④中的CSS代码修改如下：

```
.wenleftcon a,.wenleftcon a:visited {
    background:url(btn.gif) no-repeat left top;
    display:block;
    height:26px;
    width:97px;
    line-height:26px;
    text-align:center;
    }
```

7.3.8 文章浏览区域的制作

文章浏览页的主体和前面讲过的首页和分类目录页的制作方法是相同的，不同的地方就在于本节需要讲解的文章浏览区域的制作。

文章浏览区域的特点如下。

● 宽度和分类目录页面的中间板块的宽度相同，只需要将其中的一个板块拉长就可以了。

● 增加了一些信息的展示，如作者、发布时间等。

那么怎么拉长这个板块呢？如果大家依然按照7.3.4首页中板块背景的设置方法的话，就需要做一张很长的背景图，因为我们并不能确定每篇文章的长度，所以这种方法在这里就不适合了。我们需要采用新的方法。

首先给出HTML代码。

```html
<div class="wencondiv">
    <h4> 文章标题 </h4>
    <p>……省略其他内容……</p>
    <div class="wencondivbot"></div>
</div>
```

然后我们定义相关的CSS代码。

```css
/* 文章中心内容 */
.wencondiv {
    background:url(wenconbg.gif) repeat-y left top;
    margin-bottom:10px;
    }
.wencondiv h4 {
    background:url(wentop.gif) no-repeat left top;
    padding:15px 0 11px 35px;
    font-size:13px;
    color:#3c0a0c;
    font-weight:bold;
    }
.wencondivbot {
    background:url(wenconbot.gif) no-repeat left bottom;
    height:11px;
    width:auto;
    padding:0;
    }
```

可以看出这个方法的原理相当简单，通过<h4>标记设置背景图，实现文章头部的标题栏。然后在div内部增加一个div .wencondivbot，并将其背景设置为底部边框的图片。这样增加文章内容之后，这个底部div就会自动控制在板块底部。通过这个方法，我们实现了自适应的文章展示板块。

> **提示**　在其他中部的相关板块中也可以使用这种方法，只不过那些板块内容高度较为固定，所以没有必要采用这种方法。在代码书写中，我们尽量以简易为原则。

最后开始丰富文章展示板块的内容，在里面增加相应的内容，如发布者、浏览次数、发布时间和版权声明等，大家可以依照自己的需求来增加。

部分HTML代码如下。

```
<div class="wencondiv">
    <h4> 文章标题 </h4>
    <div>
        <h1> 文章标题 </h1>
        <p class="articleinfo">浏览次数：    发布时间：
        ……省略其他内容……
        </p>
        <div class="articlebody">
            <div>……这里放置文章内容……</div>
        </div>
    </div>
    <div class="wencondivbot"></div>
</div>
```

大家可以根据自己的需求定义相关的CSS，使文章中的文字或者图片按照需要进行显示。我们这里给出部分CSS代码供大家参考。

```
.wencondiv div {
    padding:0 20px;
    }
.wencondiv h1 {
    font-size:20px;
    text-align:center;
    padding:10px;
    }
.wencondiv .articleinfo {
    font-size:12px;
    padding-bottom:5px;
    border-bottom:1px solid #330000;
    text-align:center;
    }
.wencondiv .articlebody {
    padding:0 0 10px 0;
    margin:10px 0 0 0;
    border-bottom:1px dotted #CCC;
    font-size: 13px;
    line-height: 1.5em;
    overflow: hidden;
    overflow-y:hidden;}
.wencondiv .articlebody * {
    line-height: normal;
    }
.wencondiv .articlebody p {
    line-height: 1.8em !important;
    margin: 10px 0;
    }
```

```
.wencondiv .articlebody img {
    max-width: 470px;
    max-height: 470px;
    }
```

上述代码简要解释如下。

第1段，设置容纳文章内容的div样式。

第2段，设置文章标题的样式，使其居中显示，并且上下部产生距离，用以突出标题。

第3段，设置文章信息（浏览次数、发布时间等信息）的显示样式，通过一个border-bottom属性我们在文章信息和文章内容之间增加了一个横线，用以分隔内容，使内容展示得更加清楚，有利于用户体验。

第4段，设置文章内容的显示样式。overflow-y:hidden的设置是为了放置一些无法直接控制大小的内容，如表格的宽度过宽，内容越过div的右侧显示。但是这个属性只有IE和Firefox 2.0以上的浏览器支持，考虑到这两类浏览器已经在市场上占有极大份额，所以我们这里不再讨论其他浏览器对这个属性的支持。

第5段，设置文章内容中所有标记的行高。

第6段，设置文章内容中段落的显示。

第7段，设置文章内容中图片的最大宽度和高度。

> **优化**
>
> 可以看出，这里我们给图片<img>标记加了一个max-width和max-height属性，防止图片过大越过边界，影响界面美观。但是min-height属性在IE 6及IE 6以下的浏览器中是无法解析的，那怎么办呢？其实，只需要在HTML的<head>和</head>之间加入一个外部JS调用，通过浏览器判断，如果是IE 6的浏览器，调用minmax.js这个文件就行了。具体请参考《CSS设计彻底研究》一书第354页中的详细介绍。代码如下：
>
> ```
> <!—[if lte IE 6]>
>         <script type="text/javascript" src="minmax.js"></script>
> <![endif]-->
> ```
>
> 这样，代码就会显得很完美了。

至此，首页、分类目录页、文章浏览页的主体部分都已经制作完毕，接下来我们就制作所有页面的页脚文件。

7.3.9　页脚的制作

页脚处在页面底部，一般作为版权声明、友情链接展示、放置广告的地方，我们这里的页脚也将实现这些效果。首先看页脚的效果，如图7.25所示。

从效果图中可以看出，友情链接和赞助商链接是一样的，因此我们只讲解友情链接的制作方法，大家根据这个方法自己制作赞助商链接。

首先观察一下效果图中的友情链接的特点。

● "友情链接"4个字居左，竖直排列。

● 边框效果和我们前面制作主体内容右侧的广告链接是一样的。

● 右侧空白区分为上下两层，上层放置Logo链接，下层放置文字链接，中间用虚线隔开。

第一个特点是怎么实现的呢？有人可能会说结合第二个特点的制作方法，设置内外两层div，将宽度、高度固定，使文字"被迫"换行成竖直排列。这种方法仔细分析起来不是很科学，因为div不像表格那样固定多少宽度就会显示多少宽度。div会出现被"撑破"的现象。我们换个角度思考，可以采取图片代替文字的方法，先在Photoshop中制作一个带有"友情链接"文字的图片，然后通过设置外层div的background属性，使得这个背景居左且竖直居中显示，这样也能使得这个友情链接的div可以自适应高度，扩展性更好。效果如图7.26所示。

图 7.25 页面底部效果图　　　　　　　　　　　　　　　　图 7.26 友情链接

相应的HTML代码如下：

```html
<div class="links">
  <div>
    <ul class="pic">
    ……这里放置 LOGO 链接……
    </ul>
    <ul class="text">
    ……这里放置文字链接……
    </ul>
  </div>
</div>
```

部分CSS代码如下：

```css
/* 友情链接 */
.links {
    clear:both;
    border:1px #9c8559 solid;
    width:1000px;
    height:100px;
    margin:20px auto 10px auto;
    background:#e2d2a8 url(links.gif) no-repeat left center;
    }
.links div {
    border:3px #e2d2a8 solid;
    background:#FFF;
    width:964px;
    margin:0 0 0 30px;
    height:94px;
    }
```

从CSS代码里可以看出，我们采用了上一节制作中部主体内容右侧广告板块的方法，这样，我们的友情链接就显得很完美了。接下来我们制作的是版权声明、统计等内容，这个部分比较简单，只是内容文字的罗列，使文字居中并设置字体的相关属性就行了。这里我们仅给出HTML代码的结构，大家自行设计CSS样式。

```html
<div class="copyright">
    <p>
      <a href="http://www.ojpal.com/"> 橘汁仙剑网 </a>|
      ……省略其他链接……
    </p>
    <p>All Rights Reserved: ©2008
        <a href="http://www.ojpal.com"><span> 橘汁仙剑网 </span></a>
        版权所有 未经许可 禁止转载
    </p>
    <p>
        ……这里加入统计代码……
    </p>
</div>
```

7.3.10　用户面板的制作

用户面板虽然在静态站点中并不能完全发挥它的作用，但是在动态站点中它可以起到简化用户操作的作用，有利于增加用户体验。我们这一章虽然只是制作静态站点，但是在下一章中将学习如何把静态站点改成动态站点，而这一节的内容正是起到了铺垫的作用，因此必不可少。我们还是以其中一个界面为例，教大家如何制作效果图（如图7.27所示）中呈现的用户面板。

从效果图中可以看出，这个用户面板有以下特点。

● 面板在页面居中显示，四周有边框，面板标题是一张图片。

● 用户常用操作按钮每行两个，大小统一。

● 面板底部有网站版权信息。

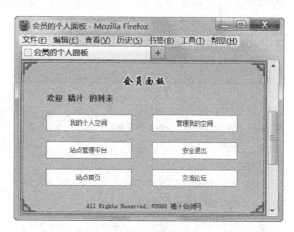

图 7.27　用户面板界面

● 每个按钮均有边框，鼠标指针移动上去后边框会变换颜色。

首先我们还是写出HTML代码，构建整个框架。

```html
<body>
<div id="panel">
  <h3> 会员面板 </h3>
  <div>
        <h4> 欢迎 橘汁 的到来 </h4>
            <ul class="quicklink">
```

```
                    <li><a href="# " target="_blank"> 我的个人空间 </a></li>
                    <li><a href="#" target="_blank"> 管理我的空间 </a></li>
                    <li><a href="#" target="_blank"> 站点管理平台 </a></li>
                    <li><a href="#"> 安全退出 </a></li>
                    <li><a href="#" target="_blank"> 站点首页 </a></li>
                     <li><a href="#" target="_blank"> 交流论坛 </a></li>
               </ul>
     </div>
     <div class="panelbot">All Rights Reserved: ©2008
        <a href="http://www.ojpal.com"><span> 橘汁仙剑网 </span></a>
     </div>
  </div>
  </body>
```

让页面居中显示，我们只要给外层的div设置margin值即可。将上部的margin设置为一个固定的数值，考虑到普通用户的浏览器以1024×768、1280×800、1440×900为主，我们将margin-top的值设置为180px，然后左右margin的值设置为auto，就可以使面板居中显示了。相应的CSS代码如下：

```
#panel {
    margin:180px auto;
    width:480px;
    }
```

边框是如何实现的呢？从HTML代码中可以看出，原理和在7.3.8中我们讲到的制作文章内容展示的板块是一样的。设置h4标题的背景为上边框，外层div#panel的背景为中部的边框，内部下方增加一个div，其类为.panelbot，作为底部边框的容器。这样第1个效果就完成了。边框的相关CSS代码如下：

```
#panel {
    margin:180px auto;
    width:480px;
    background:url(panelbg.gif) repeat-y left top;
    }
#panel h3 {
    background:url(paneltop.gif) no-repeat left top;
    text-indent:-9999px;
    height:55px;
    }
#panel .panelbot {
    background:url(panelbot.gif) no-repeat left top;
    width:480px;
    height:25px;
    }
```

那么第2个效果呢？其实原理很简单，如何让li横向排列并每行显示两个呢？我们分开来看，先做横向排列。因为li是块级元素，所以其默认是竖直排列，我们需要给li设置左浮动，使其横向排列。进一步思考，如果一行排满了，li就会自动换行显示，因此我们只需要给li设置宽度就可以了。这里我们设置width为49%，使每行显示两个，然后设置每个li的padding值和按钮超级链接的margin值，使按钮之间有一定的距离，不至于挤在一起。在CSS文件中加入：

```
.quicklink {
    overflow: hidden;
    padding:10px 30px;
    }
.quicklink li {
    float:left;
    width:49%;
    padding:10px 0;
    text-align:center;
    }
```

接下来我们就给这些<li>标记设置些简单的样式，让它更像一个按钮。

```
.quicklink li a {
    display:block;
    line-height:2.5em;
    margin:0 20px;
    }
.quicklink li a:hover {
    text-decoration:none;
    }
```

此时的显示效果如图7.28所示。

第3个效果也很简单，直接将文字放在.panelbot这个div里，这样，.panelbot这个div既容纳了版权信息，还能展示面板的底部边框。这里，我们通过修改.panelbot这个div的CSS给版权信息的文字赋予样式。完整的.panelbot的CSS代码如下：

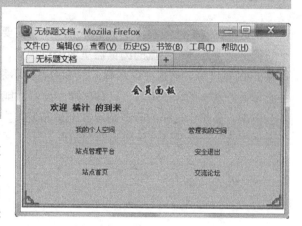

图 7.28　设置按钮样式之后的效果

```
#panel .panelbot {
    background:url(panelbot.gif) no-repeat left top;
    width:480px;
    height:25px;
    padding-top:10px;
    font-size:12px;
    text-align:center;
    color:#27100f;
    }
```

第4个效果是使用<a>标记的相关属性实现的。给<a>标记设置border属性，可以使其产生边框。别忘了给<a>设置背景色为白色，否则这个背景就是透明的了。然后设置鼠标指针经过按钮时的属性，将border属性中的边框颜色进行更改即可。写出<a>标记的完整CSS代码如下：

```
.quicklink li a {
```

```
    display:block;
    line-height:2.5em;
    margin:0 20px;
    background:#FFF;
    border:1px solid #9c8059;
    }
.quicklink li a:hover {
    border:1px solid #FF0000;
    text-decoration:none;
    }
```

7.4 本章小结

　　就这样，我们已经制作了一个静态站点所需要的全部内容，然后我们的任务就是加上各个超级链接，在各个主流的浏览器里面进行预览，对细小的地方进行修正，如文字的大小、一些div的宽度等。从这一章来看，很多内容并不是很复杂，都是些很基础的CSS技巧，因此务必掌握好基本的CSS知识。只有这样，读者才能熟练地掌握每一个细节，制作出来的网站才会协调。显然，这样的静态站点在维护和发布内容上很不方便，在下一章我们将会具体地学习如何将一个静态站点转换为动态站点。

第8章

橘汁仙剑游戏网站（动态）布局

上一章中，我们学习了如何构建一个静态站点。但是随着互联网的发展，一个简单的静态站点并不能满足我们的要求，它不易维护、不易添加内容。因此，很多站长采用了PHP、ASP等动态语言编写网页，实现动态站点的功能。但是这种动态语言并不是那么容易掌握的，尤其是编写一个具有高效率、高安全性、负载能力强的动态程序更是需要花费大量的时间深入地学习，反复地实践，因此CMS应运而生。我们可以很方便地下载一些免费的CMS程序，通过模板的制作，结合CMS的后台，实现动态网站的功能。这里，我们选择的是目前国内非常流行的SupeSite和Discuz!程序。

课堂学习目标

- 了解SupeSite和Discuz!程序及其安装步骤
- 掌握SupeSite系统的使用方法
- 掌握制作SupeSite模板的技巧
- 掌握模板系统的高级应用技术

8.1 SupeSite 和 Discuz! 系统简介

　　SupeSite/X-Space是由康盛创想公司出品的一套使用跨平台的PHP语言和MySQL数据库构建的社区门户网站解决方案包。通过安装使用SupeSite/X-Space系统，网站建设者可以轻松、迅速和高效地构建拥有高度Web 2.0特性的社区门户，为站点的会员提供包含日志（博客）、影音视频（播客）、群组（圈子）、相册图片、商品买卖、软件分享和书签收藏等在内的全方位的Web 2.0服务。

　　此外，Discuz! Board论坛系统（简称Discuz!论坛）是一个采用PHP和MySQL等其他多种数据库构建的高效论坛解决方案。Discuz!在代码质量、运行效率、负载能力、安全等级、功能可操控性和权限严密性等方面都在广大用户中有良好的口碑，在国内非常流行。对于站长而言，利用Discuz!能够在最短的时间内，花费最低的费用，采用最少的人力，架设一个性能优异、功能全面、安全稳定的社区论坛平台。对于网民而言，注册任何一个由Discuz!软件系统建立的网站/论坛，都能方便、快捷地享受到论坛带来的互动体验，进行发/回帖、添加/修改资料、站内短信和社区搜索等数百项基本论坛操作，以及进行WAP访问、社区交易和论坛悬赏等数十项高级社区应用。

　　同时，SupeSite/X-Space与Discuz!论坛能够进行全面整合、同步登录，论坛会员无需重复注册，一键拥有自己的个性空间，并可将论坛帖子导入到日志，也可将日志导入到论坛等，完美实现个人空间与论坛资源的共享。它更有与圈子功能紧密结合的论坛交流区功能，让每个圈子都有一个Discuz!论坛。它有强劲的聚合功能，可以将论坛里面的帖子聚合到门户首页，为站点增加更多流量和广告价值。

　　关于SupeSite/X-Space与Discuz!的详细介绍，可以参考网站http://www.comsenz.com。

　　本章，将结合上一章中制作的页面，使用SupeSite/X-Space系统创建一个真实的网站。为了使讲解更具有实际意义，我们选择了一个现在正在实际运行的网站作为案例进行讲解。在具体学习之前，建议读者到这个案例网站上浏览一下，体验一下SupeSite和Discuz!强大易用的功能。

　　案例网站是橘汁仙剑网（http://www.ojpal.com），它是一个为"仙剑"游戏爱好者提供资源、新闻、交流的综合网站。在本章中，我们将非常详细地介绍如何使用SupeSite/X-Space系统搭建出一个这样功能完善的网站，如何制作出符合网站特点和风格的模板。

> **说明**
>
> 　　这里选择SupeSite和Discuz!不仅因为它们之间的无缝结合，更重要的是SupeSite拥有强大的模块功能，我们可以很方便地在后台定义一个模块，然后将模块插入到模板，使其自动调用所需的内容。同时，我们还可以使用一些简易的PHP代码，实现更多丰富的内容。这样，模板的制作就相当容易了，能节省很多的精力、人力、物力。
>
> 　　事实上，如果读者具备了丰富的CSS技能，使用其他的CMS系统，方法也是类似的，目前还有不少国内外的CMS系统，读者在熟悉以后，都可以进行尝试，并选择适合自己网站要求的CMS系统。

这里选择的是比较稳定的SupeSite 6.0和Discuz! 6.0.0简体中文GBK程序。请到http://download.comsenz.com/Discuz/6.0.0/Discuz!_6.0.0_SC_GBK.zip和http://www.supesite.com/download/SupeSite6.0_X-Space4.0_Final_SC_GBK.zip分别下载相应的系统安装文件。

8.2 系统安装

我们选择好了这一套系统以后，需要将其安装在网站空间上，才能够使其正常使用。首先，网站空间需要满足以下需求：

● Web服务器（如Apache、IIS或Zeus等）；

● PHP 4.1.0或以上；

● Zend Optimizer 3.0或以上；

● MySQL 3.23或以上。

> **提 示**　　SupeSite/X-space对主机空间的要求较高且较为严格，很多时候会出现无法安装的情况。

确保空间满足系统要求之后，就需要将安装文件通过FTP以二进制方式上传至网站空间，并进行安装。具体安装步骤可以参照安装包中的用户说明或者参照官方网站的说明，这里仅给出主要步骤。

① 将Discuz!安装文件中的upload文件夹上传到网站根目录，并将upload文件夹更名为"bbs"，代表论坛的意思，也可以根据自己的需要更名为其他名称。

② 在浏览器中运行install.php文件进行安装，按照其中的提示内容检查相应的目录权限，并进行相应的数据库链接设置和管理员账户的创建，当出现"恭喜您论坛安装成功，点击进入论坛首页"时就表明安装成功。

> **提 示**　　具体的数据库链接设置请务必填写正确，如果您不清楚相应的设置，请咨询您的空间提供商。这些设置将保存在论坛根目录下的config.inc.php文件中，如果以后需要修改数据库链接设置，也可以直接用记事本打开这个文件，进行相应的修改。

③ 将SupeSite安装包中upload文件夹下的所有文件（并不是指upload这个文件夹）通过FTP以二进制的方式上传到网站根目录下。

④ 在浏览器里运行install.php进行安装，按照其中的提示内容进行相应的设置。

⑤ 在配置用户中心的过程中，如果你用的Discuz!版本低于6.0.1 UC版，或没有单独安装用户中心（UCenter）系统，可以跳过此步骤。由于我们前面选择是Discuz! 6.0版，不带UCenter，因此这里直接单击"OK!完成，进入下一步"。

⑥ 根据安装步骤中的相关提示设置目录属性，填写下面的相关信息。

● 与Discuz!相同服务器：选择"相同MySQL服务器"。

● 数据库服务器本地地址：程序文件和数据库在同一台服务器上，请填写"localhost"；如果程序文件和数据库不在同一台服务器上，应填写数据库服务器的IP地址。

● 数据库用户名和数据库密码、数据表名由空间提供商提供（有的空间可以自行创建数据表，此时自己创建好后填入即可）。

● 数据库字符集和表名前缀可以保持默认。

● 设置Discuz!论坛数据库信息的内容，请按照安装Discuz!时填写的内容进行填写。

> **提示**　如果忘记了Discuz!论坛系统的数据库链接设置，可以打开论坛安装目录下的config.inc.php文件进行查看。

至此，我们所需要的系统就安装完毕了。接下来，我们将学习如何使用SupeSite系统及制作相应的模板，这是我们实现动态网站最为重要的一步。

8.3 使用 SupeSite 系统

作为一款优秀的CMS系统，SupeSite的安装和使用都是相当方便的。这一节中我们将带领大家走进SupeSite的后台，体验一下它强大而简洁的操作界面。

> **提示**　如果大家初次接触CMS，或者看过了下文之后对于SupeSite的使用还不是很熟悉，可以到康盛创想的官方网站下载SupeSite/X-space用户手册，进一步学习各个基本功能的操作。下载地址是http://dz.s18.mydiscuz.com/doc/SupeSite.X-Space_usersguide.zip。

8.3.1 登录 SupeSite 后台设置

为了管理站点，对站点进行设置，首先需要的就是登录后台了。这一步需要我们以管理员身份（即在Discuz! 6.0安装过程中创建的管理员账号）登录SupeSite系统。操作方法是：在浏览器里输入自己的站点地址，然后在界面右侧的登录窗口输入管理员账号和密码，如图8.1所示。

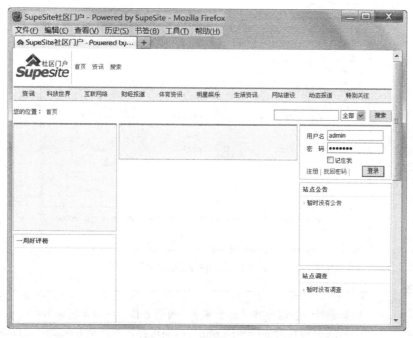

图 8.1　用管理员账号登录系统

登录成功后的效果如图8.2所示。

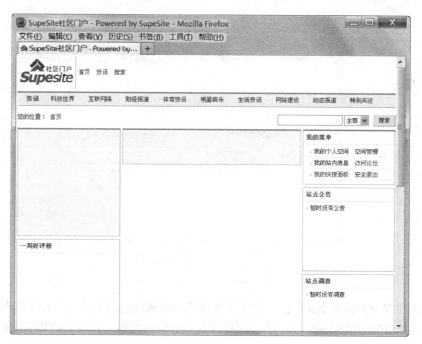

图 8.2　登录成功后显示的个人面板

可以发现在刚才登录的位置已经显示为个人面板——"我的菜单"，单击"我的快捷面板"按钮，就会打开一个新的页面，如图8.3所示。选择"登录站点管理平台"即可打开后台登录页面，再次输入登录密码，即可进入后台设置。

网页设计与布局项目化教程（HTML+CSS+DIV）

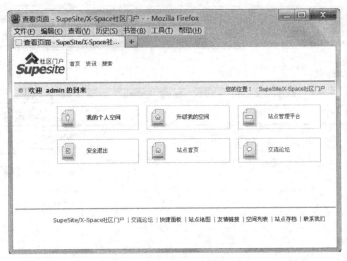

图 8.3　我的快捷面板页面

经 验

如果觉得上面这种方法过于麻烦，可以直接在浏览器里输入"http://你的域名/Supesite安装目录/admincp.php"，即可打开管理员登录页面。以本例的站点为例，由于SupeSite是安装在网站根目录下的，因此只要在浏览器的地址栏里输入"http://www.ojpal.com/admincp.php"即可打开后台登录界面，如图8.4所示。

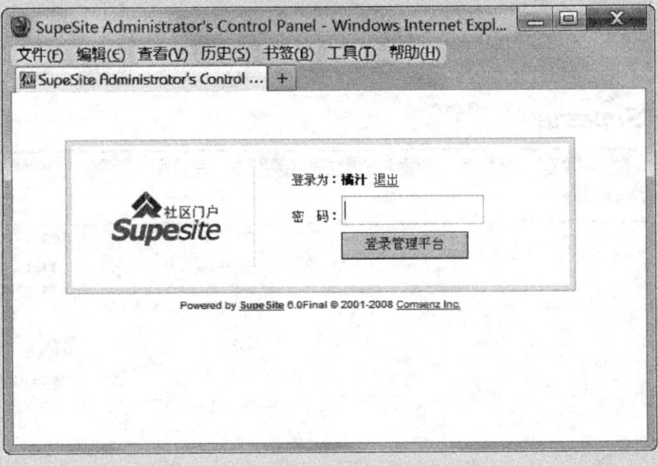

图 8.4　后台登录页面

这样成功登录SupeSite系统后，就可以很方便地对系统进行设置了。接下来的几个小节中，我们将结合官方的SupeSite/X-space用户手册中介绍的内容，对后台的基本设置、资讯管理等功能进行一些简单的介绍。

8.3.2　基本设置

SupeSite后台的基本设置是SupeSite/X-Space系统常用功能和全局配置的总开关。这里主要是针对下面几大块的配置，包括系统设置、频道操作、用户组权限、公告管理、站点广告、HTML静态配置、缓存更新、在线编辑、计划任务和其他管理，如图8.5所示。

图 8.5　SupeSite 6.0 的后台管理界面

系统设置是针对SupeSite/X-Space系统的一些全局配置开关的，它主要包括站点设置、本地路径设置等，其中比较重要的是站点的基本设置和HTML静态的设置。这里需要读者结合自己网站空间的特点进行详细的设置，我们也将在模板制作一节中给出一些在模板制作的时候需要调整的设置。

关于各个频道的设置和创建方法，SupeSite/X-Space的功能频道默认有综合首页、资讯和论坛等15个频道。对于本章实例，我们主要用到的是资讯和日志（即会员的个人空间）这两个频道，其余的频道均可以关闭。关闭频道的方法也很简单，只要在"功能频道设置"里将不需要的频道相对应的"启用频道"取消勾选即可，如图8.6所示。

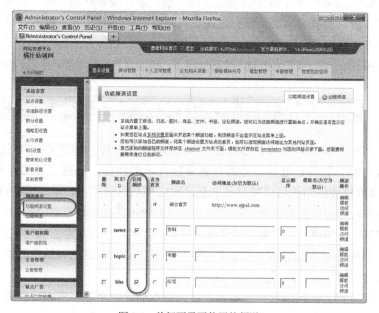

图 8.6　关闭不需要使用的频道

> **经验**
>
> 当然，对于不要的频道，在安装SupeSite的过程中就可以取消安装，但是为了网站日后的发展，我们建议大家在安装的时候还是将所有的频道都安装好。毕竟这些频道本身也不会占用多大的空间，如果现在取消了安装，日后需要的时候再重新进行安装，就需要重新运行安装程序，这对于一个正在运行的网站来说，会造成很多不必要的麻烦。

1. 用户组权限的设置

SupeSite通过用户组对用户的权限进行控制。通过权限控制，可以指定归属于该用户组的会员是否可以拥有个人空间以及空间大小，能否发布资讯，能否进行信息审核等。请读者根据自己站点的实际情况进行设置。

2. 站点广告的添加和设置方法

SupeSite系统内置多种广告位，为各位站长添加和管理广告带来便利，并且它允许站长自定义广告。我们将在8.5.3小节自定义广告显示函数中详细介绍如何通过模块的高级应用灵活地增加广告位，为站长带来收益。

3. HTML 静态配置

生成HTML的作用是把网站的动态页面生成静态HTML页面，别人访问站点时直接访问生成的HTML页面，不会频繁地涉及数据库操作，大大减轻了服务器负担，提高了站点效率。当然，我们在制作模板及调试的过程中应该将其关闭，否则我们对模板的改动不能及时地显示出来。

4. 更新缓存

SupeSite/X-Space系统为了减少数据库查询次数、减轻服务器的负担，在很多地方使用了页面缓存技术，所以也就有了更新缓存之说。当站点改变一些配置或者文件时，应及时更新缓存以保证站点信息的正常浏览。

对于其他项目的设置，我们在此就不多做介绍了，请读者自行参考用户手册进行合理的设置。

8.3.3　资讯的发布和管理

资讯是任何一个CMS必不可少的功能。SupeSite自身也有一套很实用的资讯管理系统。SupeSite资讯功能不但具有最基本的发布和管理资讯的功能，还可以让站长自定义资讯分类；资讯等级审核使得站长可以按自己的意愿决定哪些资讯可以显示，哪些资讯不显示；强大的信息采集功能使站长可以通过采集别的站点的资讯信息来填充自己空白的版面；如果想就自己站点某方面的设计征求大家的意见，投票功能可以实现这个目标；资讯自定义字段功能允许站长根据自身站点的需求灵活扩充整个程序的功能，以达到站长的特殊需求，并且可以很方便地通过模块进行调用。

因为"资讯"是本实例中最为基本也是最为重要的一个功能，所以我们将重点介绍资讯的发布及管理、资讯的等级审核和自定义字段这几个常用的功能。

进入后台后，单击"资讯管理"，然后在左侧导航栏中单击"发布资讯"，即可打开发布资讯界面。

1. 资讯发布

① 相关信息的填写。这里主要是指资讯标题、标题样式、资讯发布时间、外部链接URL和系统分类的填写。每一项的填写，系统都给出了具体的说明解释，如图8.7所示。

图 8.7　填写资讯相关信息

② 接下来就是填写资讯的具体内容了。SupeSite自带了一套文本编辑工具，它和普通的文本编辑器功能相仿，如设置字体、字号和颜色等。

③ 内容附件。这一项指的是资讯的附件，如资讯中涉及的图片或者一些Word文档、音频、视频和压缩包等。可以选择多种上传方式，但是需要注意的是，列表中的选中图片附件将作为该资讯的封面图片。另外，上传的附件必须要插入到内容中才能正常显示。对于图片类的附件，需要单击"插入大图"或者"插入缩略图"将其插入到文档中，而对于非图片类的附件，如压缩包RAR格式的文件，则需要单击"插入附件"将其插入到文档中，如图8.8所示。

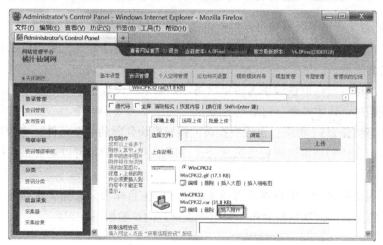

图 8.8　上传附件后选择插入附件

④ 其他信息的填写。这里主要是指标签TAG、资讯作者、资讯来源和资讯来源URL的信息填写，大家可以根据实际情况进行填写。另外，最下面的信息等级审核信息也可以根据实际情况进行选择，这些也可以作为后台模块调用的依据。

 　　通过资讯审核等级这个功能，可以很方便地指定每个资讯的等级，然后通过模块调用实现不同的等级分开调用，这也是SupeSite模块系统的强大之处。

2. 资讯管理

发布资讯之后，可以对资讯进行审批、审核、重新分类和删除等，还可以设置某篇资讯是否允许评论，如图8.9所示。

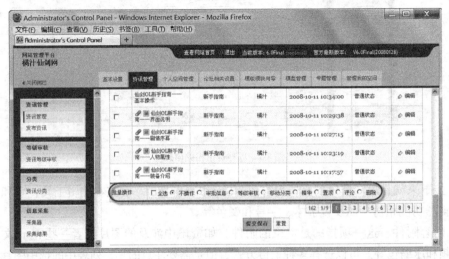

图8.9 资讯管理界面

8.3.4 资讯等级审核

SupeSite后台的资讯等级审核可以对资讯进行管理操作。

通过等级审核操作，可以对信息进行等级分类处理、删除处理，从而可以有效地控制站点页面上信息的显示。

用户发布的信息默认审核级别为待审状态。如果系统设置了信息需要审核，那么用户发布的信息必须经过审核才被聚合到站点上面。

审核信息等级分为5个等级，可以根据页面模板模块代码的获取条件，将信息灵活自由地进行等级分类。评论管理可以设置资讯是否允许评论。重新归类可以对资讯进行资讯分类的管理。

信息被放入垃圾箱后，信息将不再被读取显示。信息作者只有拥有重新发布被删信息的权限，才可以将删除的信息重新发布。资讯等级审核的页面如图8.10所示。

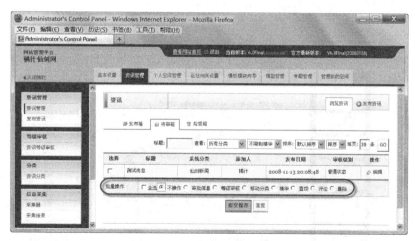

图 8.10　资讯等级审核页面

8.3.5　资讯自定义字段

很多人一听说"字段"这个词，也许会认为是数据库的相关内容，实际上在SupeSite中并非如此。SupeSite提供了自定义信息扩展功能，站长可以针对资讯、日志和图片等各个频道设置自定义信息，从而来扩充整个程序的功能。

> **说明**　简单地说，"字段"就是对文章的额外的附加说明。例如对一篇文章来说，我们可以描述它的发布日期、作者和信息来源等条目，而这3个项目是在SupeSite中已经定义好的系统字段，我们在发布资讯的时候就可以看到这些项目。另外，在SupeSite中，可以通过自定义字段来对资讯进行更多、更丰富的描述。本节将为大家介绍如何添加自定义的字段。

下面我们将参照官方用户手册中的一个例子给大家讲解资讯自定义字段的使用。

① 进入"SS后台"→"资讯管理"→"资讯自定义字段"，添加如图8.11所示的两个字段"失效日期"和"信息重要性"，这是为资讯设置的两个属性。

② 添加自定义信息的方法是：在"配置名称"文本框中填写配置名称；在下面的字段名、字段类型中添加自定义字段；选中"默认选中"单选钮；然后设置显示顺序；最后单击"提交保存"按钮保存设置。

每一个字段的类型可以设置为单行的文本输入框、多行的文本区域、单选的列表框和多选的复选框等。

> **注意**　当指定字段类型为列表框、复选框时，您需要在列表选项输入预先的选项，每行为一个选项。

③ 单击"提交保存"按钮，则发布资讯的时候就可以看到如图8.12所示的界面。在这里资讯发布者就可以填写该资讯的"失效日期"和"信息重要性"了，从而完善资讯的发布功能。

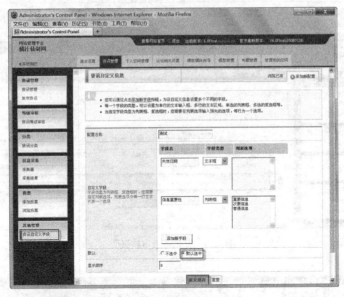

图 8.11　添加两个自定义信息

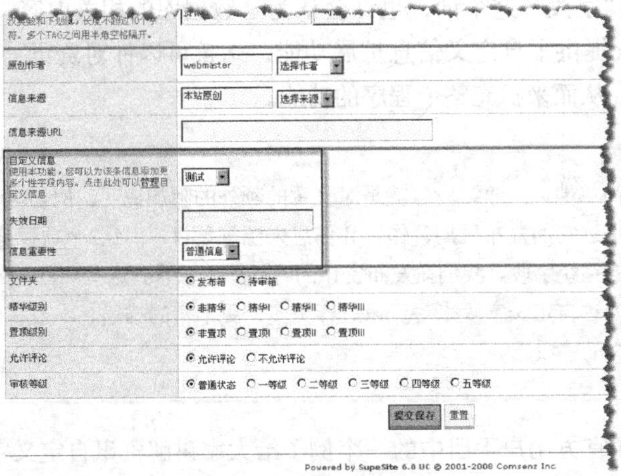

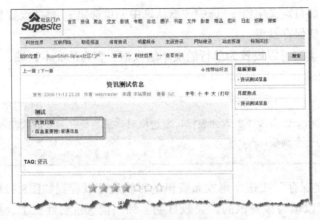

图 8.12　发布资讯时填写的自定义信息

调用后的效果如图8.13所示（采用的是默认模板）。

图 8.13　自定义信息的显示效果

当然，大家也可以通过修改模板来改变自定义信息的位置。

8.3.6 　其他设置

除了基本设置和资讯管理这两个主要设置之外，SupeSite后台还提供了个人空间管理、论坛相关设置、模型管理和专题管理等设置。其中，个人空间管理主要是在开通了X-space之后，针对会员的空间及相关用户组的权限进行的设置。论坛相关设置主要是集成了Discuz!论坛后台中的有关SupeSite的相关设置项以及数据库备份等常用的设置项。模型管理主要是指大家可以根据自己的需要建立自己所需要的模型（如官方自带的招聘、交友等模型），实现不同于资讯的功能。具体的设置方法请参考SupeSite/X-space安装包中的模型操作手册。

由于这些设置并不和下面将要讲到的模板制作相关联，因此这里不做进一步的解释，对于这些设置不明白的读者可以自行参考SupeSite/X-space用户手册，里面有详细的说明。

对于和模板制作联系最为紧密的"模板模块向导"，我们将在8.4.6体验SupeSite模块设置一节中做详细的说明。

8.4　制作 SupeSite 模板

SupeSite的模板制作可以说是网站动态化的"必经之路"。SupeSite提供了一个强大的后台系统，就像是给我们打好了地基。我们制作的模板就是最终呈现给用户的界面，它就像是在地基上搭建起来的楼房。楼房里面会分为各个楼层，里面的装修程度（界面的美化）如何、设施（各个模块的运用）是否齐全，都决定了是否会有人入住这套楼房（相当于是否会有访问者访问浏览并驻足）。从这个比喻来看，我们前一章中学习制作的静态页面实际上就是这套楼房的"装修程度"，而本章里面，我们将为这套楼房增加"设施"，这就需要大家了解SupeSite中强大的模板模块系统。

8.4.1 　SupeSite 模板系统

SupeSite模板是存放在程序目录下的templates文件夹下的一组文件，在Dreamweaver中打开templates/default文件夹下的index.html.php文件，这个就是默认模板的首页文件。看上去，这个文件和普通的html没多少区别，它只不过多了些带有$的变量和一些放在<!—和-->中的灰色代码，这些变量和代码就是实现动态网站的"必需品"。简单地说，带有$符号的变量是动态获取相关的内容，放在<!—和-->中的灰色代码就是我们要讲解的模块系统，它用来调用相关的模块信息，并且按照自己的定义和设置显示在网页上。

要想制作一套自己的模板，首先需要了解各个模板文件的对应关系。事实上，SupeSite中的模板文件的名称和页面URL是有关系的。打开程序安装目录中的templates/default文件夹，可以看到这些文件的命名是很有规律的，以资讯页面文件为例：

● news_category.html.php代表的是资讯的分类目录页；

- news_footer.html.php代表的是资讯的页脚文件；
- news_header.html.php代表的是资讯的头部文件；
- news_index.html.php代表的是资讯的首页；
- news_view.html.php代表的是资讯的文章浏览页；
- news_viewcomment.html.php代表的是资讯的评论浏览页。

> **提 示**
>
> 再如，以blog_开头的是日志相关的文件，以space_开头的是个人空间列表的相关文件……

同样，我们也可以"猜出"站点页面文件的相互对应关系。

按照图8.14所示的红色框内的文件的排列顺序，文件分别对应公告、页脚、头部、友情链接、登录、网站地图、用户面板、投票、注册、搜索、安全提问、TAG标签、查看全部TAG和博客脚印。

名称	大小	类型	修改日期
image_index.html.php	9 KB	PHP 文件	2007-12-14 13:49
index.html.php	30 KB	PHP 文件	2008-1-2 17:15
link_category.html.php	8 KB	PHP 文件	2007-12-14 13:27
link_footer.html.php	2 KB	PHP 文件	2008-1-2 14:17
link_header.html.php	3 KB	PHP 文件	2007-12-28 9:14
link_index.html.php	9 KB	PHP 文件	2007-12-14 13:49
mygroup_footer.html.php	2 KB	PHP 文件	2008-1-2 14:17
mygroup_header.html.php	3 KB	PHP 文件	2008-1-8 10:59
mygroup_index.html.php	10 KB	PHP 文件	2007-12-10 10:46
mygroup_list.html.php	12 KB	PHP 文件	2007-12-10 10:48
news_category.html.php	6 KB	PHP 文件	2007-12-14 13:27
news_footer.html.php	2 KB	PHP 文件	2008-1-2 14:17
news_header.html.php	4 KB	PHP 文件	2007-12-28 9:14
news_index.html.php	10 KB	PHP 文件	2007-12-14 13:49
news_view.html.php	10 KB	PHP 文件	2007-12-17 14:00
news_viewcomment.html.php	5 KB	PHP 文件	2007-4-28 23:32
site_announcement.html.php	1 KB	PHP 文件	2007-1-30 10:15
site_footer.html.php	1 KB	PHP 文件	2008-1-2 14:17
site_header.html.php	2 KB	PHP 文件	2007-12-10 11:12
site_link.html.php	1 KB	PHP 文件	2007-10-31 17:57
site_login.html.php	2 KB	PHP 文件	2007-4-11 0:15
site_manage.html.php	6 KB	PHP 文件	2007-6-8 2:08
site_map.html.php	6 KB	PHP 文件	2007-12-27 17:58
site_panel.html.php	2 KB	PHP 文件	2007-4-17 6:19
site_poll.html.php	2 KB	PHP 文件	2008-1-24 15:33
site_register.html.php	4 KB	PHP 文件	2007-3-30 22:36
site_search.html.php	5 KB	PHP 文件	2007-12-11 9:37
site_secques.html.php	2 KB	PHP 文件	2008-1-29 12:46
site_tag.html.php	8 KB	PHP 文件	2008-1-16 17:04
site_tagall.html.php	2 KB	PHP 文件	2007-5-16 22:12
site_track.html.php	2 KB	PHP 文件	2007-5-16 22:12
spaces_category.html.php	7 KB	PHP 文件	2007-12-14 13:27
spaces_footer.html.php	2 KB	PHP 文件	2008-1-2 14:17
spaces_header.html.php	3 KB	PHP 文件	2007-12-28 9:14
spaces_index.html.php	5 KB	PHP 文件	2007-12-14 13:49

图8.14 站点文件关系示意图

8.4.2 选择需要制作的模板

有人可能会说，这么多文件，要做起来岂不是很麻烦？其实不是这样的，这里的文件并不都是必须的。我们要根据网站的规划合理地选择模板，如网站究竟需要哪些频道，需要实现哪些功能。这里还是以橘汁仙剑网为例，大家可以先到网站上去看一看，我们这个实例站点都采用了哪些频道，实现了什么样的功能。其实很简单，它只用了资讯和博客这两个频道，像商品、书签、文件、图片和论坛聚合等频道并没有使用，这样就去除了以"goods"、"link"、"file"、"image"和"bbs"开头的文件，看起来工作量小了很多。再仔细看看，对于站点公告，我们可以直接调用论坛的站点公告，所以site_announcement.html.php这个文件也可以省略了；TAG标签虽然是一个很不错的功能，但是这里为了节省时间，也不再考虑了，所以site_tag.html.php和site_tagall.html.php这两个文件也省略了；友情链接会在首页下方显示，并不会单独制作页面显示友情链接，所以site_link.html.php这个文件也省略了；因为站内搜索采用的是百度的搜索功能，所以site_search.html.php这个页面也不用制作了；投票的功能暂时不需要，所以又省略了site_poll.html.php文件。这样看来，我们实际的工作量很小，只需要以下这些文件：

- index.html.php 站点首页
- site_header.html.php 页面头部
- site_footer.html.php 页脚
- site_login.html.php 用户登录
- site_map.html.php 站点地图
- site_panel.html.php 用户面板
- site_register.html.php 用户注册、空间升级
- site_secques.html.php 安全提问
- site_track.html.php 个人空间中查看脚印
- news_footer.html.php 资讯页脚
- news_index.html.php 资讯首页
- news_category.html.php 资讯分类目录
- news_view.html.php 浏览资讯文章
- blog_index.html.php 日志（博客）首页
- blog_category.html.php 日志（博客）分类目录
- blog_view.html.php 浏览日志（博客）文章

虽然工作量很小，但是站点的功能还是比较齐全的，完全满足了站点的需求。因此建议大家在制作自己的站点的时候，考虑一下自己站点的需求，切不可盲目地追求完美，将所有的功能一一展现，这样反而会造成"多而不精"的局面。很多功能都用不到，反而会增加维护的成本。

> 经验
>
> 细心的读者看到了上面的文件列表就会问，为什么只有news_footer.html.php而没有news_header.html.php？难道我们不要资讯页面的头部了吗？当然不是，原因也很简单，因为我们的站点的头部都是一样的，所以在资讯页面中直接调用首页的site_header.html.php文件，就可以使资讯频道也使用首页的头部风格了。那有的读者朋友又会问了，为什么不让资讯的页脚也直接调用首页的页脚文件site_footer.html.php呢？原因是首页的页脚包含了友情链接的展示，但是资讯页面的页脚不再需要友情链接的展示，所以要单独制作这个文件。

在前一章中，我们制作了4个静态的页面，即首页、分类目录页、文章浏览页、用户面板页，下一节中就要开始将这些静态的页面"改装"成模板文件了。有的读者可能会说，我们只制作了4个页面，这里却需要10多个模板文件，怎么办呢？大家不用担心，在下一节模板的制作中就会讲到，将数据调用进行相应的更改之后，它就能作为一个新的模板文件了。这也从另一个角度说明，模板的制作并不复杂，关键是要掌握一定的技巧。

8.4.3　制作前的准备

本节中，我们将以主要页面的制作为主，教大家如何使用SupeSite强大的模块系统完成动态网站的制作。

制作之前，大家需要做以下准备。

（1）完善SupeSite资讯频道中的资讯分类以及Discuz!论坛中的板块，并发布一些简单的信息，以便在日后调用中及时显示效果。

（2）确保SupeSite后台的基本设置中的"启用缓存"选项选择为"不开启缓存"（如图8.15所示），并确保"是否生成HTML"的选项选择为"否"（如图8.16所示）。这样，我们对模板所做的任何更改就能及时反映出来，有利于调试。制作成功后，便可将这两个选项开启。

图 8.15　在基本设置中关闭缓存

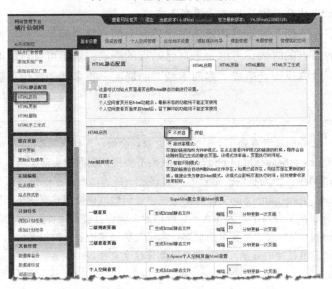

图 8.16　确保 HTML 静态功能为不开启

（1）在templates文件夹下新建一个文件夹，命名为模板名称。注意要使用英文名，这里命名为"ojpal"。然后在这个模板文件夹里面将所需要制作的模板从default文件夹中复制过来，并清空模板内容。

（2）在"后台设置"→"基本设置"→"站点设置"中将站点风格目录改为刚才新建的 ojpal模板目录，如图8.17所示，这样以后在改动中可以预览效果。

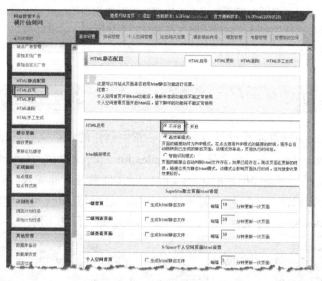

图 8.17　更改风格目录

接下来需要规划网站中的内容设置，也就是说各个部位都调用什么样的内容，以方便有 选择地建立新的模块，如图8.18所示。

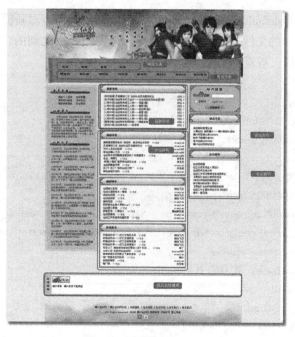

图 8.18　页面模块调用说明

> **经验**　　　　这一步完全可以在上一章中涉及的对网站的规划中进行。在对网站的构思设计之后，可以在纸上或者电脑上画出相应的版块规划图，表示出页面的各个部位具体调用什么样的内容，这样不致于在制作时不知所措，浪费时间。

8.4.4　首页头部信息的制作

启动Dreamweaver网页制作软件，打开上一章中制作的首页文件index.html，然后打开SupeSite模板目录templates/default文件夹下的index.html.php文件以及templates/ojpal文件夹下的index.html.php文件。在ojpal模板的index.html.php文件的开始处加入"<?exit?>"并回车，表示让浏览器不要以PHP文件的形式解析这个文档，然后将index.html中的所有内容复制到ojpal文件夹下的index.html.php文件中。此时index.html.php文件如下所示。

```
<?exit?>
<!DOCTYPE html PUBLIC "-//W3C//DTD XHTML 1.0 Transitional//EN"
"http://www.w3.org/TR/xhtml1/DTD/xhtml1-transitional.dtd">
<html xmlns="http://www.w3.org/1999/xhtml">
<head>
<meta http-equiv="Content-Type" content="text/html; charset=utf-8" />
<title> 橘汁仙剑网首页 </title>
<link href="images/style.css" rel="stylesheet" type="text/css" />
</head>
<body>
……这里省略了 body 中的内容……
</body>
```

接下来，需要对照default模板中<head>和</head>之间的内容对新模板做相应的更改。这里将改后的新模板ojpal的文件index.html.php的<head>和</head>之间的代码提供如下，大家可以对比一下这两段代码，看看有什么区别。

```
<?exit?>
<!DOCTYPE html PUBLIC "-//W3C//DTD XHTML 1.0 Transitional//EN"
"http://www.w3.org/TR/xhtml1/DTD/xhtml1-transitional.dtd">
<html xmlns="http://www.w3.org/1999/xhtml">
<head>
<meta http-equiv="Content-Type" content="text/html; charset=$_SCONFIG[charset]" />
<title>$title  $_SCONFIG[seotitle]</title>
<meta name="keywords" content="$keywords $_SCONFIG[seokeywords]" />
<meta name="description" content="$description $_SCONFIG[seodescription]" />
<link rel="stylesheet" type="text/css"
href="{S_URL}/templates/$_SCONFIG[template]/css/style.css" />
$_SCONFIG[seohead]
<script type="text/javascript">
    var siteUrl = "{S_URL}";
</script>
```

```
    <script src="{S_URL}/include/js/ajax.js" type="text/javascript"
language="javascript"></script>
    <script src="{S_URL}/include/js/common.js" type="text/javascript"
language="javascript"></script>
    </head>
```

提 示

大家可以发现改后的模板代码中有一段JavaScript脚本，如下：

```
    <script type="text/javascript">
    var siteUrl = "{S_URL}";
    </script>
    <script src="{S_URL}/include/js/ajax.js" type="text/javascript"
language="javascript"></script>
    <script src="{S_URL}/include/js/common.js" type="text/javascript"
language="javascript"></script>
```

这3段脚本分别是定义站点目录变量、调用Ajax、调用站点common文件所用，请大家不要删除。

可以看出这个和普通的HTML文件的head部分的格式是一样的，只不过加入了变量（如上述代码中的黑体部分所示）。对上述代码中的变量简要解释如下：

● $_SCONFIG[charset]调用的是站点字符集设置；

● $title调用当前页面的标题；

● $_SCONFIG[seotitle]调用的是标题附加字，做SEO用的；

● $keywords、$_SCONFIG[seokeywords]共同调用站点中设置的网站关键词；

● $description、$_SCONFIG[seodescription]调用网站简介；

● {S_URL}/templates/$_SCONFIG[template]/css/style.css指定CSS样式表的位置，其中{S_URL}代表站点域名，$_SCONFIG[template]代表后台设置中当前的模板文件夹名称，这样"翻译"过来就是http://www.ojpal.com/templates/ojpal/css/style.css。

总 结

可以看出，我们通过变量的方式替代了原来静态页面中固定的样式，如网站标题、<meta>标记中的相关信息的调用。这样，我们在SupeSite的后台中对网站标题等进行相应的修改之后，它就能呈现在用户浏览的网页中，避免了手动修改模板的麻烦。这也是动态网站的优势所在。

8.4.5　首页头部导航的制作

在本节中，我们需要将首页头部导航改为可以根据在后台开启的频道自动获取频道名称，并在首页显示。本实例的最终效果如图8.19中红色框内所示。

其中的"资料"和"博客"两个频道就是通过模板调用出来的。

打开index.php.html这个模板文件，开始修改body中的内容。首先在代码视图中按"Ctrl+F"

组合键打开搜索，搜索"images/"并全部替换为"{S_URL}/templates/$_SCONFIG[template]/images/"，如图8.20所示。

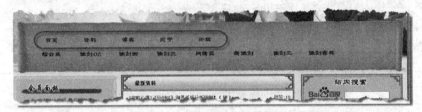

图 8.19　调用频道名称后的效果

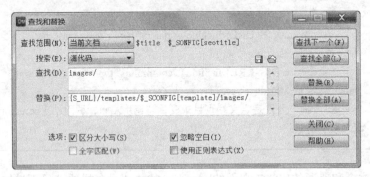

图 8.20　替换图片路径

分析　这样做的原因是，将模板上传到空间后，图片存放在templates/ojpal/images/文件夹中，而不是站点根目录下的images文件夹中，而路径templates/ojpal/images/正是靠这组变量{S_URL}/templates/$_SCONFIG[template]/images/获得的。

　　然后开始修改页面头部及导航了。这里我们需要调用的是频道分类，它放置在主导航的第1个<ul>标记中，调用资讯（在本实例中我们在后台中将资讯的频道名称改为资料，下同）的分类放置在第2个<ul>标记中。

　　对于频道分类，其调用方法是固定的，我们首先找到模板主导航第1个<ul>标记的代码：

```
<div id="mainnav">
  <ul>
    <li><a href="http://www.ojpal.com"> 首页 </a></li>
    <li><a href="http://www.ojpal.com"> 资料 </a></li>
    <li><a href="http://www.ojpal.com"> 博客 </a></li>
    <li><a href="http://www.ojpal.com"> 论坛 </a></li>
  </ul>
```

相应的代码修改如下：

```
<div id="mainnav">
<!—这里显示的是主导航的第一个 ul 标记 -->
  <ul>
    <li><a href="http://www.ojpal.com"> 首页 </a></li>
    <!--{loop $channels['types'] $key $value}-->
    <li><a href="$value[url]" class="$key">$value[name]</a></li>
```

```
<!--{/loop}-->
<li><a href="http://www.ojpal.com/bbs" target="_blank"> 论坛 </a></li>
</ul>
```

分析

可以看出，原来的HTML代码的框架并没有改变，只不过加了一些在Dreamweaver中显示为灰色的代码，即"<!--"和"-->"之间的部分。这些是用来告诉SupeSite系统，现在需要的是关于内容以及如何进行展示。在<li>标记中，将相应的内容替换为带有$符号的变量（即上述代码中黑体部分），这就是告诉系统需要展示哪些内容。比如频道名称存放在$channels变量中，系统解析到这里时，就会获取这个变量里的内容，比如获取到的频道名称是"资料"，那么浏览器里看到的不是<li>标记中的$value[name]，而是"资料"这两个字。这其实和PHP文件的工作原理是一样的。

如果<li>标记只有一行，那么系统只会显示一个频道名称。为了让系统显示所有读取到的变量名称，就需要使用SupeSite系统中的loop格式。相应的代码如下：

```
<!--{loop 这里填入需要调用的变量数组名称 }-->
<li> 填入需要展示的变量名称 </li>
<!--{/loop}-->
```

这里的loop语句就相当于PHP语言中的foreach数组循环语句，意思是循环依次调用变量数组中的内容，直到调用完毕。这样，就把主导航里的第1个<ul>标记所调用的内容制作完成了。

接下来制作的是主导航第2个<ul>标记调用的内容——资讯分类。这里就要开始真正地体验SupeSite的模块系统了。

8.4.6 体验 SupeSite 模块设置

上一节在制作首页头部导航的时候，需要调用资讯分类，这里需要先在后台设置相应的模块，才能够调用。我们这里就以上一节中需要创建的资讯分类模块为例说明SupeSite模块的设置。进入SupeSite"后台设置"中的"模块模板向导"标签，单击"创建模块"，并在选择基本模块中选择"系统分类"，这样就可以创建调用资讯分类的模块了，如图8.21所示。

对于上述设置，我们一一解释如下。

● 模块名：识别模块的名称，方便制作者查看，可以使用中文。

● 向导模式：选择向导模式可以很简单地通过鼠标的点击设置制作模块，但是如果需要更为复杂的调用并且熟悉SQL语言，就可以选择高级模式并直接输入SELECT查询语句，创建模块。

● 指定分类ID：当需要调用个别而非全部的分类时可以设置这个选项，这里不做设置。

● 分类归属系统：根据自己的需要选择调用哪些频道的分类。因为这里调用的是资讯频道里的分类，所以选择"资讯"。

● 是否根分类：因为调用的是一级分类，所以选择"是"。

● 是否专题：没有建立专题，所以选择"否"。

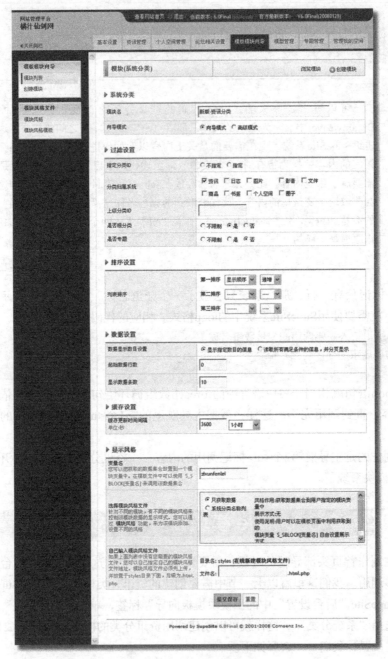

图 8.21 后台中创建新的模块

● 排序：这里需要在"后台设置"→"资讯管理"→"资讯分类"中自定义分类的排列顺序，然后设置显示的方式，比如设置为"显示顺序"的"递增"显示。

● 数据设置：这里只需要获取指定数目的内容，并不需要分页显示，所以数据显示数目设置为"显示指定数目的信息"。因为调用的分类数目少于10条，所以显示数据条数填入"10"即可，如果分类数目大于10，相应地填入大于10的数字。

● 缓存设置：缓存是缓解网站服务器压力的必要设置，这里由于我们不会经常变动频道，因此将其设置为1个小时。

注 意　　　我们建议大家使用缓存，并且设置的时间不要与其他的缓存数据的时间相同，例如这里可以设置缓存时间间隔为1023s，这样可以避免因与其他资料的缓存时间重复，而导致增加生成缓存时的并发，对数据造成压力。

● 显示风格：SupeSite系统中已经提供了一些基本的信息展示模板，但是我们为了自己更加方便地定制自己的显示风格，这里选择"只获取数据"，并在变量名中填入"zixunfenlei"，注意这里只能填入英文名称。前面设置的调用信息全部存放在了$_SBLOCK[zixunfenlei]这个变量中，用于模板中数据的调用。

至此，我们已经完成了资讯分类的调用模块设置。单击"提交保存"，就会看到模块列表中多出了一个模块，并且系统自动给出了相应的模块调用代码，如图8.22所示。

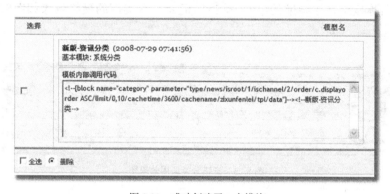

图 8.22　成功创建了一个模块

可以看出，系统根据我们的设置给出了模板的内部调用代码，将这段代码加入需要调用的位置，系统就能自动获取相关的内容了。如果这个模块并不能满足我们的要求，可以在这里点击右侧的编辑按钮进行更改，当然也可以直接修改这个模块调用代码，这就需要对这个代码进行深入的了解。

● <!--{ }-->：这是SupeSite模板使用的语法开始，标识这种内容需要程序来解析。

● name="category"：这里表示调用的是系统分类。

● parameter：设置的是调用时的过滤设置。这里显示的过滤设置中的参数就是在后台的设置中由系统自动生成的。稍微细心点就会发现，过滤设置中的代码通过"/"分为偶数段，从左至右每2段组成一个基本筛选条件，左边代表筛选名字，右边代表筛选条件。

● type/：表示类型，"news"表示资讯，所以"type/news"这个筛选条件合起来表示获取的内容来自资讯频道。

● isroot/1：左边"isroot"表示根分类，右边"1"表示条件成立（这里"1"表示"是"，"2"表示"否"），所以这个"/isroot/1"表示是根分类，没有这个筛选条件的话表示不限制是否是根分类。

● ischannel/2：左边表示是专题，右边"2"表示不属于专题。

● order/c.displayorder：这个参数在一般的模块中都会出现，代表的是排序的条件。例如这里的"ASC"代表的是升序排列（即递增）。

● Limit/0,10：这个参数很重要，一般每个模块都会有它，它代表的是获取数据的条数设置，"limit"右边的两个数字，左边代表的是获取数据的起始行数，右边代表获取数据的行数，所以"Limit/0,10"就表示从最初的数据开始，按照设定的顺序依次获取10条数据。

- cachctime/3600：表示的是缓存时间，单位为s，所以这个就代表缓存时间是1小时。
- cachename/zixunfenlei：这也很重要，表示的是缓存的名称，也是使用的变量名称。

读懂了上述的模块调用代码之后，我们就开始学习如何将这个调用代码加入到模板文件中。

8.4.7 在头部导航中加入资讯分类

这一节中，将学习如何将已经创建好的模块加入到模板文件中，并且将需要实现调用资讯分类的名称显示在主导航的第2个<ul>标记处。本实例的最终效果如图8.23红色框内所示。

图8.23 资讯分类调用效果图

这里的导航全部是由调用资讯分类的根分类显示出来的，接下来开始制作这种效果。

① 将上一节在后台设置中的模块模板调用代码中创建的资讯分类模块调用代码复制下来，在Dreamweaver中打开需要制作的index.html.php文件，在主导航第2个<ul>标记前粘贴代码，这样头部的主导航代码就变成（粗体部分即为新加入的模块调用代码）：

```
<div id="mainnav">
    <ul>
      ……这里省略了第一个 UL 标记中的内容……
    </ul>

    <!--{block name="category"
 parameter="type/news/isroot/1/ischannel/2/order/c.displayorder ASC/
limit/0,10/cachetime/3600/cachename/zixunfenlei/tpl/data"}-->
<!-- 新版 - 资讯分类 -->
    <ul>
      <li></li>
    </ul>
    </div>
```

② 因为调用的数据不止一条，所以接下来就需要让这些数据循环显示。在<ul>标记下方加入"<!--{loop $_SBLOCK['zixunfenlei'] $value}-->"表示循环调用的开始，调用的是$_SBLOCK['zixunfenlei']这个变量，它的值存放在$value数组中。在</ul>标记前加入"<!--{/loop}-->"表示调用的结束。此时的代码如下：

```
<!--{block name="category" parameter="type/news/isroot/1/
ischannel/2/order/c.displayorder ASC/limit/0,10/cachetime/3600/
cachename/zixunfenlei/tpl/data"}--><!-- 新版 - 资讯分类 -->
  <ul>
    <!--{loop $_SBLOCK['zixunfenlei'] $value}-->
    <li></li>
    <!--{/loop}-->
  </ul>
```

③ 经过上面两个步骤之后，就能够做到让系统自动调用资讯分类这个模块中的内容了。但是在浏览器中并不能显示出任何内容，为什么呢？这是因为我们还没有将需要展示的内容放在<li>标记里面。在<li>和</li>之间加入"<a href="$value[url]"> $value[name] </a>"，就可以显示模块中的资讯分类的名称了，通过<a></a>标记也为资讯分类加上了超级链接。

> **分析**　　　$value[url]表示调用的资讯分类的超级链接，$value[name]表示调用的是分类的名称。这样，通过loop语句，系统就会不断地查询数组$value中存放的值，并按照所需进行展示。

这样，完整的主导航代码如下（黑体的部分即为控制数据循环展示的代码）：

```
<div id="mainnav">
  <ul>
  <li><a href="http://www.ojpal.com"> 首页 </a></li>
  <!--{loop $channels['types'] $key $value}-->
  <li><a href="$value[url]" class="$key">$value[name]</a></li>
  <!--{/loop}-->
  <li><a href="http://www.ojpal.com/bbs" target="_blank"> 论坛 </a></li>
  </ul>

  <!--{block name="category"
parameter="type/news/isroot/1/ischannel/2/order/c.displayorder ASC/
limit/0,10/cachetime/3600/cachename/zixunfenlei/tpl/data"}-->
<!-- 新版 - 资讯分类 -->
    <ul>
    <!--{loop $_SBLOCK['zixunfenlei'] $value}-->
    <li> <a href="$value[url]" >$value[name]</a> </li>
    <!--{/loop}-->
    </ul>
  </div>
```

将index.html.php这个文件上传到空间中，在浏览器里预览一下。我们通过查看页面源文件可以发现，上述代码通过SupeSite系统的解析，传递到用户的浏览器里就是普通的HTML代码了，如图8.24所示。

这正是前面提到的模板、模块的工作原理。

这样，首页头部就制作完成了，接下来开始制作首页的主体内容中的版块展示。

图 8.24　在浏览器中看到的页面源代码

8.4.8　首页主体内容的制作

按照前面模块调用规划图，我们的计划是在主体内容中部放置一些版块，分别调用最新的资讯、论坛的新帖等。本实例的最终效果如图8.25所示（以最新资讯为例）。

具体的操作步骤如下。

① 创建模块。这里以最新的资讯为例说明模块的创建。由于篇幅所限，具体的创建过程我们就不做详细介绍了，这里仅给出创建模块成功后获得的模板内部调用代码。

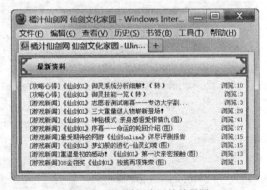

图 8.25　调用最新资讯的效果图

```
<!--{block name="spacenews" parameter="order/i.dateline DESC/limit/0,10/cachetime/1800/subjectlen/40/subjectdot/1/showcategory/1/cachename/newarticle/tpl/data"}--><!-- 新版 - 资讯最新文章 -->
```

分 析

根据前面对分类目录调用代码的分析，想必读者对本代码也是比较熟悉了。其中有几个增加的地方，这里做一下说明。

subjectlen/40这个参数在调用具体数据标题的时候很有用，左边的"subjectlen/"代表标题字数限制，右侧的"40"代表显示标题字数为40个字节。

subjectdot/1左边"subjectdot"表示标题省略号；右边"1"表示有省略号，也就是说标题字数过长，超过了我们设置的标题长度subjectlen，后面会自动增加一个省略号。同理，"2"代表没有省略号。

showcategory/1这个参数表示是否获取文章所在的分类名称。同样，"1"代表获取，获取的分类名称存放在$value[catname][name]这个变量中。

② 加入模块。接下来要把这段代码加入到模板文件中。先找到模板文件中对应"最新资讯"代码的位置。

```
<div class="contentdiv">
   <h4> 最新资料 </h4>
   <ul class="msgtitlelist">
   <li> 这里是最新资讯的列表显示 </li>
   </ul>
</div>
```

将模块模板代码插入到上述代码的上面。

```
<!--{block name="spacenews" parameter="order/i.dateline DESC
/limit/0,10/cachetime/1800/subjectlen/40/subjectdot/1/showcategory/1
/cachename/newarticle/tpl/data"}-->
   <div class="contentdiv">
      <h4> 最新资料 </h4>
      <ul class="msgtitlelist">
      <li> 这里是最新资讯的列表显示 </li>
      </ul>
   </div>
```

③ 循环调用。上面两个步骤还只是加入了模块，这一步需要"告诉"系统对模块中的内容进行循环调用，也就是"8.4.7小节在头部导航中加入资讯分类"一节中讲到的<!—{loop}-->和<!—{/loop}-->循环调用代码。将这两段代码写在<li></li>标记外面，<ul></ul>标记的内部。

将代码修改如下，修改的部分以粗体表示。

```
<!--{block name="spacenews" parameter="order/i.dateline DESC
/limit/0,10/cachetime/1800/subjectlen/40/subjectdot/1/showcategory/1
/cachename/newarticle/tpl/data"}-->
<!-- 新版 - 资讯最新文章 -->
   <div class="contentdiv">
      <h4> 最新资料 </h4>
      <ul class="msgtitlelist">
      <!--{loop $_SBLOCK['newarticle'] $value}-->
      <li></li>
      <!--{/loop}-->
      </ul>
   </div>
```

④ 插入显示变量。这里需要加入资讯的标题和相应的超级链接，HTML代码为

```
<a href=" 这里是链接地址 "> 这里是标题的名称 </a>
```

我们用$value[url]调用文章的超级链接，用$value[catname][name]调用文章所在分类名称，用$value[subject]调用文章的标题。将上述代码修改如下：

```
<a href="$value[url]">[$value[catname][name]."]".$value[subject]</a>
```

把这段代码放在第3步中的<li></li>标记中，这样就将所有的代码修改完成了。

```
<!--{block name="spacenews" parameter="order/i.dateline DESC
/limit/0,10/cachetime/1800/subjectlen/40/subjectdot/1/showcategory/1
/cachename/newarticle/tpl/data"}-->
```

```
<!-- 新版 - 资讯最新文章 -->
    <div class="contentdiv">
      <h4> 最新资料 </h4>
      <ul class="msgtitlelist">
<!--{loop $_SBLOCK['newarticle'] $value}-->
<li>
    <a href="$value[url]">
      [$value[catname][name]."]".$value[subject]
    </a>
  </li>
  <!--{/loop}-->
</ul>
</div>
```

> 经过两个小节的学习，大家对模板制作的步骤一定有了一个更加深入的了解。其实从这两个小节可以看出，模板的制作可以简单地概括为以下4个步骤。
>
> ① 创建模块：主要是在后台设置中根据自己的需要进行模块的创建操作，系统会自动生成一段模块调用代码。
>
> ② 加入模块：将上一个步骤中系统生成的模块调用代码加入到需要调用模块的\<div\>之前。
>
> ③ 循环调用：通过\<!—{loop}--\>和\<!—{/loop}--\>循环调用代码使\<li\>\</li\>标记循环展示。这一步中大家需要注意\<!—{loop}--\>和\<!—{/loop}--\>所放的位置以及配对性。
>
> ④ 插入显示变量：通过$value[变量名称]的插入使系统展示相应的内容。
>
> 通过这4个步骤，大家就可以完成一个模块的调用了。请大家自行实践"论坛新帖"等模块的调用。

经验

8.4.9 深入探究 SupeSite 模块系统

在8.4.6小节中，我们已经体验了SupeSite的模块设置，并且在8.4.7小节以及8.4.8小节中通过两个实例对SupeSite的模块设置做了进一步的说明，为大家总结了一般的模块调用方法，但是我们还仅仅局限于调用标题（$value[subject]）和超级链接（$value[url]）这两个内容。在这一节中，将进一步地探究SupeSite模块调用，通过探究$value中存放的数据，实现更多丰富的内容调用。

首先，我们如何知道$value数组中究竟存放了哪些变量呢？这里提供一个简单的办法。以上一节中制作的主题内容的版块"最新资讯"为例进行说明，在"\<!--{loop $_SBLOCK['newarticle'] $value}-->"的下面加入如下代码：

```
{eval secho($value);}
```

这样整个的模块代码就成为（黑色代码为新加入的代码）：

```
<!--{block name="spacenews" parameter="order/i.dateline DESC
/limit/0,10/cachetime/1800/subjectlen/40/subjectdot/1/showcategory/1
/cachename/newarticle/tpl/data"}-->
<!-- 新版 - 资讯最新文章 -->
        <div class="contentdiv">
```

```
                    <h4> 最新资料 </h4>
                    <ul class="msgtitlelist">
        <!--{loop $_SBLOCK['newarticle'] $value}-->
            {eval secho($value);}
        <li>
            <a href="$value[url]">
                [$value[catname][name]."]".$value[subject]
            </a>
        </li>
        <!--{/loop}-->
                    </ul>
                    </div>
```

然后将模板上传到服务器上运行，就会看到页面变了一个样子，里面展示出了$value中存放的数据。这里展示的图片（如图8.26所示）是从康盛创想官方的视频教程中截出来的图片，这里调用的是日志中的$value数组中的内容。

可以看到，$value数组中存放了很多的变量，这些变量也可以很轻松地从其英文名称读出它所代表的意思。如itemid表示的是这个文章的编号，type=blog表示的是这个文章的类型为日志，subject表示的是文章的标题，dateline表示的是文章的发布时间，viewnum表示的是文章的浏览次数。

> **注 意** {eval secho($value);}只是用于显示本模块中所存放的变量，并且会自动覆盖下面<li></li>标记中的内容展示，因此当大家看到所需调用的变量之后，请务必将此段代码删除，否则模板文件将无法正常显示。

经过上面的分析发现，$value数组中存放了如此之多的变量，我们可以根据自己的需要灵活调用，配合CSS进行样式的美化，达到一定的效果，这正是SupeSite模块系统的强大之处所在。举个简单的例子，如想在最新资料这个版块的右侧增加浏览量的显示，浏览量均靠右对齐，如图8.27所示。

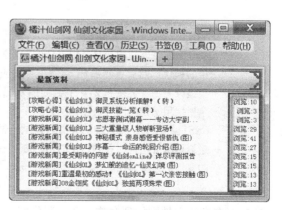

图 8.26　$value 数组中存放的内容　　　　　图 8.27　浏览量显示示意图

根据前面的讲解，我们知道，浏览量调用的是$value[viewnum]这个变量。现在既需要将这个变量加入到<li>标记中让它显示，也要专门对它的显示样式进行控制，因此这里我们引入一个新的<cite>标记。将<li>标记修改为

```
<li>
<cite> 浏览 :$value[viewnum]</cite>
<a href="$value[url]">[$value[catname][name]."]".$value[subject]</a>
</li>
```

有HTML代码基础的读者就会明白，<cite>标记是一个斜体的标记，在此中的字全部以斜体显示，因此我们需要使用CSS对这个标记进行控制。

```
.msgtitlelist li cite {float:right; font-style:normal; overflow:hidden;}
```

分析 其中，float:right使这个标记居右显示；font-style:normal使字体按照正常样式进行显示，取消了<cite>默认的斜体显示；overflow:hidden防止字数过多超越边界。

这样我们的效果就完成了。下面的各个论坛新帖的版块、右侧的论坛公告、论坛精华的版块设置方法与最新资料版块的设置方法相同，这里不再重复介绍。

从本节的学习我们可以进一步认识到，SupeSite系统不仅为我们提供了各种各样的模块，比如资讯模块、系统分类模块和论坛帖子模块等，而且在每个模块中还给了丰富的变量进行调用，我们只需要通过{eval secho($value);}这段代码去了解$value中存放的内容，然后进行调用展示就可以了。

8.4.10 首页页脚的制作

从页面的规划图中可以看出，页脚主要包括友情链接、赞助商链接和版权信息等。接下来为站点添加友情链接。本实例的效果图如图8.28所示。

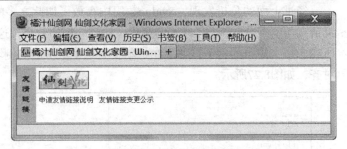

图8.28　站点友情链接的调用

分析 大家可以使用前几节中讲到的一般性的模块调用方法，在后台添加一个友情链接的模块，然后按照那4个步骤进行相应的调用。但是这样会比较麻烦，因为友情链接分为图片链接和文字链接，所以如果分别进行调用，就需要添加两个模块，一个模块用于调用图片链接，另外一个用于调用文字链接，然后分别对每个模块创建CSS进行控制。有兴趣的读者可以试一试。这里是直接借用default模板中的友情链接调用部分，通过一些PHP语句，分开图片链接和文字链接并分别存放于两个不同的变量，方便调用。请看下面的操作步骤。

① 首先在模板文件中找到在前一章中制作好的友情链接的HTML代码。

```
<div class="links">
    <div>
    <ul class="pic">
    ……这里放置 Logo 链接……
    </ul>
    <ul class="text">
    ……这里放置文字链接……
    </ul>
    </div>
</div>
```

② 在Dreamweaver中打开default模板中的index.html.php文件，找到友情链接的调用代码如下：

```
<!--{if !empty($_SCONFIG['showindex'])}-->
    <!--{block name="friendlink"
parameter="order/displayorder/limit/0,$_SCONFIG['showindex']/cachetime/11600/
    namelen/32/cachename/friendlink/tpl/data"}-->
    <!--{eval $imglink=$txtlink="";}-->
    <!--{loop $_SBLOCK['friendlink'] $value}-->
    <!--{if $value[logo]}-->
    <!--{eval $imglink .="<li><a href=\"".$value[url]."\" target=\"_blank\">
    <img src=\"".$value[logo]."\"
    alt=\"".$value[description]."\" /></a></li>";}-->
    <!--{else}-->
    <!--{eval $txtlink .= "<li><a href=\"".$value[url]."\"
    title=\"".$value[description]."\" target=\"_blank\">".$value[name]."</a></li>";}-->
    <!--{/if}-->
    <!--{/loop}-->
```

③ 将上述代码复制到新模板的友情链接代码段的上面，使其成为

```
<!--{if !empty($_SCONFIG['showindex'])}-->
    <!--{block name="friendlink"
parameter="order/displayorder/limit/0,$_SCONFIG['showindex']/cachetime/11600/
    namelen/32/cachename/friendlink/tpl/data"}-->
    <!--{eval $imglink=$txtlink="";}-->
    <!--{loop $_SBLOCK['friendlink'] $value}-->
    <!--{if $value[logo]}-->
    <!--{eval $imglink .="<li><a href=\"".$value[url]."\" target=\"_blank\">
    <img src=\"".$value[logo]."\"
    alt=\"".$value[description]."\" /></a></li>";}-->
    <!--{else}-->
    <!--{eval $txtlink .= "<li><a href=\"".$value[url]."\"
    title=\"".$value[description]."\" target=\"_blank\">".$value[name]."</a></li>";}-->
    <!--{/if}-->
    <!--{/loop}-->
        <div class="links">
                <div>
```

```
              <ul class="pic">
              ……这里放置 Logo 链接……
              </ul>
              <ul class="text">
              ……这里放置文字链接……
              </ul>
              </div>
          </div>
```

> **分析**　这段代码的作用是调用站点友情链接，并将Logo链接放置在$imglink变量中，将文字链接存放在$txtlink变量中。其中，$imglink变量中存放了站点链接、Logo地址和站点介绍等信息，$txtlink变量中存放了站点链接、站点介绍和站点名称。同时，变量已经将所需要的内容的展示格式存放了进去，所以直接使用$imglink就可以调用所有的Logo链接信息并按照变量里的格式进行显示。

④ 此时，将友情链接部分的代码修改如下，大家注意粗体字部分。

```
<div class="links">
    <div>
    <ul class="pic">
    $imglink
    </ul>
    <ul class="text">
    $txtlink
    </ul>
    </div>
</div>
```

这样友情链接就能正常调用并显示了。

对于赞助商链接的加入方法，将在8.5节模块的高级应用中介绍。

对于版权信息，直接复制上一章中的页脚中的版权信息即可。

至此，首页就基本制作完成了。最后，到浏览器里预览一下，看看是否出现错误现象。一般的错误主要是大家没有填入正确的变量名称，在模块调用代码中写的是一个变量，在loop语句中却错写为其他的变量，导致数据不能正常展示，这点大家务必注意。

8.4.11　站点头部及页脚文件的制作

1. 头部文件的制作

因为站点头部都采用统一的样式，所以直接复制index.html.php文件中的<?exit?>到#header这个div结束之间的所有代码到site_header.html.php文件中。代码的结构大体如下：

```
<?exit?>
<!DOCTYPE html PUBLIC "-//W3C//DTD XHTML 1.0 Transitional//EN"
"http://www.w3.org/TR/xhtml1/DTD/xhtml1-transitional.dtd">
```

```
<html xmlns="http://www.w3.org/1999/xhtml">
<head>
……这里省略了 head 部分……
</head>
<body>
<div>
<div id="header">
    <div>
            ……这里省略的是首页顶部图片的调用……
    </div>
    <div id="mainnav">
        ……这里省略的是主导航代码……
    </div>
</div>
</div>
```

这样就完成了头部的制作。在以后的模板制作中，可以很方便地调用这个模板文件，省去了再次制作的麻烦，具体的调用方法会在下面的实例中进行讲解。

2. 站点页脚的制作

站点页脚的制作主要就是指友情链接的调用、底部广告位的调用，以及一些其他信息的展示等。由于在index.html.php中已经制作了了页脚，因此先将index.html.php中#foot这个div的开始一直到</html>文件结束之间的代码全部复制到site_footer.html.php这个文件中。复制后的代码结构如下：

```
<div id="foot">
        ……这里省略的是友情链接的模块……
        <div class="links">
            <div>
              <ul class="pic">$imglink</ul>
              <ul class="text">$txtlink</ul>
            </div>
        </div>
        <div class="copyright">
          <p>……这里省略的是版权信息的内容……</p>
      </div>
</div>
</div>
</body>
</html>
```

由于我们只想让"友情链接"在首页显示，因此就可以将"友情链接"的相关代码删除了，这样就已经完成了页脚的制作。代码的结构如下：

```
<div id="foot">
    <div class="copyright">
      <p>……这里省略的是版权信息的内容……</p>
    </div>
</div>
```

```
</div>
</body>
</html>
```

至于广告位的调用，我们将在8.5节模板的高级应用中进行详细的讲解。

8.4.12　分类目录页的制作

实现的效果图及版块规划如图8.29所示。

1．头部的制作

在前面已经制作好了站点的头部文件 site_header.html.php，所以这里可以直接调用这个文件，在news_category.html.php的第1行的<?exit?>后回车，然后输入"{template site_header}"，这样就完成了首页头部模板的调用。同样，在页脚中，也可以很方便地调用前面制作好的页脚模板，在本文件的最下部加入"{template site_footer}"即可。整个模板的代码如下：

```
<?exit?>
 {template site_header}
 ……预留放置分类目录页的主体内容……
 {template site_footer}
```

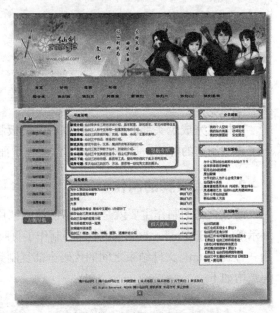

图 8.29　分类目录页的版块调用示意图

2．中部主体内容的制作

从示意图可以看出，这个调用和制作首页的调用没多大的区别，只不过创建的模块不同罢了。这里仅作简要的说明，大家可以参考default模板中的news_category.html.php进行制作。我们通过调用根分类下的子分类制作左侧导航给大家进行简要说明。

default的news_header.html.php中是这样调用子分类目录的。

```
<!--{block name="category"
parameter="upid/$thecat[catid]/ischannel/2/order/c.displayorder/limit/0,100
/cachetime/10900/cachename/subarr/tpl/data"}-->
<!--{if $_SBLOCK['subarr']}-->
  <ul class="msgtitlelist">
      <!--{loop $_SBLOCK['subarr'] $value}-->
        <li><a href="$value[url]">$value[name]</a></li>
      <!--{/loop}-->
  </ul>
<!--{/if}-->
```

所以可以直接借鉴这个代码。可以看出这里并不像原来的普通模块的模板内部调用代码，它的过滤设置中添加了upid/$thecat[catid]这个过滤条件。

分析　加入这个过滤设置的意思是获取这个子分类的"上级"分类——根分类的id。用户通过浏览器的点击（比如点击的是id为90的分类"综合区"），向服务器传回了分类id为90的信息，于是模板中的upid/$thecat[catid]就被解析成了"upid/90"，就相当于自动创建了一个调用综合区的模块并进行调用。这样，就省去了在后台一一创建不同分类的模块，然后一一调用的麻烦。

我们已经解决了模块的创建问题，请大家自行完成加入模块、循环展示和插入显示变量等步骤。

经验　$thecat[catid]这个变量是怎么来的呢？我们应该如何获得这样的变量呢？大家可以参考SupeSite官方帮助文件中的数据字典，里面列出了所有可以调用的变量的名称。如这里所用到的分类目录，在数据字典中找到分类目录，就会发现还可以调用诸如分类封面图片$thecat[image]、分类封面图片的缩略图$thecat[thumb]等丰富的内容，这就是实现灵活调用的方法，有兴趣的读者可以试一试。

SupeSite官方帮助文档的下载地址是http://www.supesite.com/download/SupeSite_Xspace_help.zip。

接下来将剩余的调用版块制作完成后，分类目录页面就完成了。blog_category.html.php这个模板文件的制作方法和这个页面基本是一样的，这里限于篇幅，不再重复讲解。

8.4.13　文章浏览页面的制作

首先看模块调用分析图，如图8.30所示。

这里关于文章具体信息的调用其实用不到太多的模块系统，因为这里的很多内容都有固定的变量名称。SupeSite系统在识别出这个是文章详细内容界面之后，就会传递给这个页面一些变量，这些变量都是和这篇文章相关的。现举例说明如下：

● $news[subject]，文章的标题；

● $news[newsauthor]，文章的作者；

● #date('Y-n-d H:i', $news["dateline"])#，发布时间；

● $news[newsfrom]，文章来源；

● $news[message]，文章详细内容。

了解这些变量之后，在示意图中所示的文章标题、文章信息就很好制作了。相

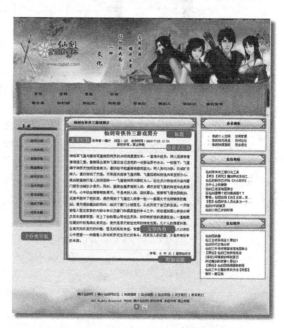

图 8.30　文章浏览页模块调用示意图

关代码如下：

```
<h1>$news[subject]</h1>
<p class="articleinfo">
    发布者：$news[newsauthor]  
    浏览：$news[viewnum] 次   
    发布时间：#date('Y-n-d H:i', $news["dateline"])#
</p>
```

示意图中的文章自定义信息是如何制作的呢？我们在8.3.5小节"资讯自定义字段"中以官方的例子为大家讲解了自定义字段的工作原理和添加、使用方法，这里我们针对本例进行进一步的说明。

首先需要在SupeSite后台设置中设置一个自定义信息，方法是选择"后台设置"→"资讯管理"→"自定义资讯字段"。这里以设置版权信息为例来说明。单击"添加新配置"按钮，在"配置名称"和"字段名"内填入"版权信息"，其他设置保持默认，然后单击"提交保存"按钮，就创建了一个新的自定义字段，发布资讯的时候可以对它进行设置，如图8.31所示。

图 8.31　发布资讯时设置自定义字段

那应该如何调用这个自定义字段呢？我们还是从default的模板中找到答案。

```
<div id="custominfo">
    <h5>$news[custom][name]</h5>
        <ul>
        <!--{loop $news[custom][key] $ckey $cvalue}-->
            <li>
            <strong>$cvalue[name]:</strong>
            $news[custom][value][$ckey]
        </li>
    <!--{/loop}-->
    </ul>
</div>
```

分 析
上述代码中，$news[custom][name]表示的是自定义字段的名称，$cvalue[name]表示的是字段名，$news[custom][value][$ckey]表示的是设置的字段的值，这里就是指页面中的"橘汁仙剑网版权所有，禁止转载"这些字。

另外，还可以用自定义字段实现其他更为丰富的内容，有兴趣的读者朋友不妨亲自试一试。

然后需要展示的是文章详细内容了，这个就更为简单了，直接使用$news[message]调用文章内容，将<div id="articlebody"></div>这段代码中加入$news[message]这个变量，使其成为：

<div id="articlebody">$news[message]</div>

这样一个简单的代码，就可以很方便地实现调用文章详细内容，并按照上一章中我们定义好的articlebody样式以及发布文章时定义的文章样式进行文章详细内容的展示了。

8.4.14　用户面板的制作

用户面板对于一个互动性的网站来说是必不可少的。这里的面板不仅要实现基本的各个功能项的链接，还要实现一些根据用户组权限判断自动开启或隐藏某些功能的设置，效果如图8.32和图8.33所示。

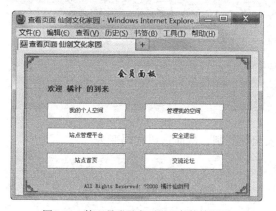

图 8.32　管理员登录之后显示的快捷面板

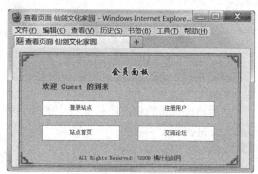

图 8.33　游客的快捷面板

分 析
从上面两张图可以看出，我们要达到的效果是根据系统判断的当前用户所在的用户组来控制某些项目的设置，如用管理员身份登录的话，系统就会显示"站点管理平台"等按钮，如图8.32所示；而用游客Guest访问的话，就不会有这些按钮，相反，系统会自动提示游客"登录站点"或者"注册用户"，如图8.33所示。这些正是靠一些简单的控制判断语句（类似于PHP语言）实现的。

由于这里的用户面板site_panel.html.php没有了首页的那种头部导航，因此在这个模板文件中，不再调用site_header.html.php。但是<head>和</head>之间的内容必不可少，将这部分代码从site_header.html.php中复制过来，然后将上一章中制作好的用户面板中的框架复制过来，此时<body>标记中变为

```
<div id="panel">
    <h3> 会员面板 </h3>
    <div>
        <h4> 欢迎 ……这里是会员的用户名…… 的到来 </h4>
        <ul class="quicklink">
            <li></li>
        </ul>
    </div>
    <div class="panelbot">All Rights Reserved: ©2008
        <a href="{S_URL}/"><span> $_SCONFIG[sitename]</span></a>
    </div>
</div>
```

同样，需要从default的相应模板文件进行"借鉴"。先是在<h4>标记中填入会员的名称变量$_SGLOBAL[supe_username_show]，这个变量能自动获取当前用户的名字并显示。

```
<div id="panel">
    <h3> 会员面板 </h3>
    <div>
        <h4>$_SGLOBAL[supe_username_show]</h4>
        <ul class="quicklink">
            <li></li>
        </ul>
    </div>
    <div class="panelbot">All Rights Reserved: ©2008
        <a href="{S_URL}/"><span> $_SCONFIG[sitename]</span></a>
    </div>
</div>
```

然后将default的相应模板文件中的项目列表全部复制，从而这段代码变为

```
<div id="panel">
    <h3> 会员面板 </h3>
    <div>
        <h4> 欢迎 $_SGLOBAL[supe_username_show] 的到来 </h4>
            <ul class="quicklink">
                <!--{if $_SGLOBAL[supe_uid]}-->
                    <li><a href="#uid/$_SGLOBAL[supe_uid]#" class="myspace"
target="_blank"> 我的个人空间 </a></li>
                    <!--{if !empty($_SGLOBAL[member][havespace])}-->
                    <li><a href="{S_URL}/spacecp.php?docp=me" class="spacemng"
target="_blank"> 管理我的空间 </a></li>
                    <!--{else}-->
                    <li><a href="#action/register#" class="spacesignup"
target="_blank"> 升级我的空间 </a></li>
                    <!--{/if}-->
```

```
                    <!--{if $_SGLOBAL[member][groupid] == 1}-->
                    <li><a href="{S_URL}/admincp.php" class="sitemng"
target="_blank"> 站点管理平台 </a></li>
                    <!--{/if}-->
                    <li><a href="{S_URL}/batch.login.php?action=logout"
class="logout"> 安全退出 </a></li>
                    <!--{else}-->
                    <li><a href="#action/login#" class="login"> 登录站点 </a></li>
                    <li><a href="{B_URL}/register.php?referer={S_URL}/index.php"
class="register" target="_blank"> 注册用户 </a></li>
                    <!--{/if}-->
                    <li><a href="{S_URL}/" class="sitehome" target="_blank"> 站点
首页 </a></li>
                    <li><a href="{B_URL}/" class="bbs" target="_blank"> 交流论坛 </a></li>
            </ul>
        </div>
        <div class="panelbot">All Rights Reserved: ?2008 <a href="{S_URL}/"><span>
$_SCONFIG[sitename]</span></a></div>
    </div>
```

同样，类似于这个模板文件site_panel.html.php的制作方法，我们还可以制作site_secques.html.php、site_login.html.php和site_register.html.php等文件，只需要将用于动态显示的相关代码从default模板中复制过来即可，是不是很简单呢？

分析　里面有很多类似于PHP的语法，主要是判断当前用户的用户组，判断是否升级了空间等。例如<!--{if $_SGLOBAL[member][groupid] == 1}-->这句，它的意思是如果当前用户属于管理组，就显示"站点管理平台"这个选项，如果只是个普通用户，就不会显示这个选项，这样做到了最佳的用户体验。具体关于这些语句的简要说明将在8.5节模块的高级应用中做具体的说明。

8.4.15　SupeSite 模板制作小结

就这样，将需要的模板文件全部制作完成了。可以看出，模板文件的框架都是上一章学习静态网站制作时的网页文件框架，在这一节中所做的就是在静态页面的框架的"缝隙"里添加一些用于SupeSite系统识别的代码、用于声明数据的调用（即模块模板内部调用代码），然后在需要展示数据的位置使用相应的变量进行内容的替换，即可实现动态获取数据内容进行展示。

即使有不明白或者不会调用的地方，也完全可以直接借鉴default模板中的相应代码。只要按照前面对模块代码的分析，就可以很容易地读懂default模板中的代码，为进一步借鉴和修改提供基础。

由此可见，SupeSite系统的模块系统非常强大，可以很方便地从后台建立模块、自定义需要调用的内容。在下一节中，将进一步走进SupeSite的模块系统，学习如何结合SupeSite自带的一些语句实现模块的高级功能。

8.5 模块系统的高级应用

上一节中，我们已经制作了一套精美的模板，这一节中，将继续学习如何使用SupeSite模块系统自带的语法语句，实现更为人性化的功能，改善用户体验。

8.5.1 SupeSite 模块系统的语法格式

SupeSite系统采用近似PHP表达式的语法，支持的元素如下（以下参考自康盛创想公司的SupeSite用户帮助文档）。

1. 语法格式

```
<!--{…}-->
```
逻辑元素包围符，该符号用于包含条件和循环元素。

2. 条件判断

```
<!--{if expr1}-->
statement1
<!--{elseif expr2}-->
statement2
<!--{else}-->
statement3
<!--{/if}-->
```

这是一个典型的条件模板，当条件expr1为真时，显示模板statement1的内容，否则当expr2为真时，显示模板statement2内容，否则显示模板statement3的内容。如同其他语言中的条件控制一样，其中<!--{elseif expr}-->和<!--{else} -->是非必须的。

3. 不带下标变量的数组循环

```
<!--{loop $array $value}-->
statement
<!--{/loop}-->
```
相当于 PHP 的数组循环语句：
```
foreach($array as $value) {
statement
}
```

4. 带下标变量的数组循环

```
<!--{loop $array $key $value}-->
statement
<!--{/loop}-->
```

相当于PHP的数组循环语句：

```
foreach($array as $key => $value) {
    statement
}
```

5. 时间处理函数

```
#date('Y-n-d H:i', $time)#
```

相当于PHP的gmdate进行时间处理，如下：

```
gmdate($dateformat, $time)
```

6. 自定义广告显示函数

```
#getad('user','adid')#
```

相当于PHP语法中的：

```
<?php echo getad('user', '$adid')?>
```

7. 模板文件包含

```
{template blog_header}
```

相当于PHP语法中的：

```
<?php template('blog_header')?>
```

包含blog_header.htm文件。

8. 模板中的 eval 函数

```
<!--{eval $a = $b}-->
```

就相当于执行PHP程序，如下：

```
<?php $a = $b;?>
```

9. 模板中的 block 函数

```
<!--{block name="spaceblog" parameter="dateline/604800…."}-->
```

就相当于PHP程序中的：

```
<?php block('$name','$parameter');?>
```

Block函数，就是生成模块的主要函数。

可以看出，这些语法函数的共同特点是都被包含在HTML的注释符号<!--和-->中，这样，这些语法在Dreamweaver或者FrontPage等可视化编辑软件中区别于普通代码显示，在一定程度上方便了用户编辑。对于高手而言，实际上外部的<!--和-->是可以省略不写的，可以用于某些元素在模板中的定位。但强烈建议初学者不要轻易尝试，因为这些代码本身是不需要修改的，如果修改错误而且没有加注释编辑，会导致系统运行错误以及产生一些不可预料的后果。所以建议大家在使用这些语法函数时加上HTML的注释标记，避免一些错误的发生。

从前面学习基础的模板制作中可以发现，其实已经接触了很多语法函数，例如在模块数据展示中使用的不带下标变量的数组循环和带下标变量的数组循环loop语句，在文章详细信息页面中使用的时间处理函数#date('Y-n-d H:i', $time)#；在模板调用中使用的模板文件包含{template site_header}；在模块模板内部调用代码中使用的block函数<!--{block name="spaceblog" parameter="dateline/604800…."}-->等。下面的两节，将重点讲解条件判断语句、自定义广告显示函数这两个函数，实现一些高级功能。

8.5.2 条件判断语句

通过条件判断语句，可以设置在满足条件的情况下才会显示某些模块，在不满足条件的情况下不显示或者显示其他模块。这个功能很有用，如在前一节中制作index.html.php这个模板文件时创建的"最新资料"的版块，调用的是最新的资讯文章。如果站点里还没有添加新的资讯，它就没有内容可以调用，在浏览器上只能显示一个

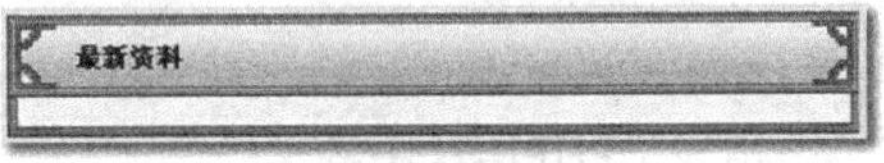

图 8.34　没有内容的版块

空荡荡的版块，如图8.34所示，是不是很难看呢？这样极大地影响了用户体验。

这里就需要用到条件判断语句了，在index.html.php这个模板文件中找到这个模块的调用代码。

```
<!--{block name="spacenews"
parameter="order/i.dateline DESC/limit/0,10/cachetime/1800/
subjectlen/40/subjectdot/1/showcategory/1/cachename/newarticle/tpl/data"}-->
<!-- 新版 - 资讯最新文章 -->
                <div class="contentdiv">
                ……省略版块 DIV 里的内容……
                </div>
```

到这个<div>标记结束后这个版块就算结束了，所以它没有内容可以调用的时候就会成为一个空荡荡的版块。在<div class="contentdiv">之前加入<!--{if $_SBLOCK['newarticle']}-->作为条件判断的开始，在</div>之后加入<!--{/if}-->表示条件判断的结束。

> 分析
>
> 这段代码什么意思呢？稍微懂些PHP语言的读者就会明白，这两句代码的意思是如果$_SBLOCK['newarticle']这个模块变量中存在数据，就会显示下面直到<!--{/if}-->标记之间的内容，这里就是显示版块div的相关代码。相反，如果$_SBLOCK['newarticle']中不存在数据，在浏览器就不会显示这个版块div的内容，即使查看源代码也不会找到任何有关这个版块的影子。

同样，我们还可以加入<!--{else}-->语句，让这个版块在没有内容的时候显示其他版块的内容。将上述代码修改如下（粗体部分为条件判断语句）：

```
<!--{block name="spacenews" parameter="order/i.dateline DESC
/limit/0,10/cachetime/1800/subjectlen/40/subjectdot/1/showcategory/1/
cachename/newarticle/tpl/data"}-->
<!-- 新版 - 资讯最新文章 -->
                <!--{if $_SBLOCK['newarticle']}-->
                <div class="contentdiv">
```

```
        <h4> 最新资料 </h4>
        <ul class="msgtitlelist">
    <!--{loop $_SBLOCK['newarticle'] $value}-->
            <li>
    <cite> 浏览 :$value[viewnum]</cite>
    <a href="$value[url]">
        [$value[catname][name]."]".$value[subject]
    </a>
    </li>
        <!--{/loop}-->
    </ul>
    </div>
    <!--{else}-->
<!--{block name="bbsthread"
parameter="fid/4,5,6,7,8,9,31,26,27/order/dateline DESC,views DESC
/limit/0,10/cachetime/1800/subjectlen/40/subjectdot/1
/bbsurltype/bbs/cachename/palbbsnew/tpl/data"}-->
<!-- 新版 - 仙剑讨论 -->
        <div class="contentdiv">
        <h4> 仙剑讨论 </h4>
        <ul class="msgtitlelist">
    <!--{loop $_SBLOCK['palbbsnew'] $value}-->
    <li>
    <cite>
        <a href="#uid/$value[authorid]/action/viewpro#"target="_blank">
        $value[author]
        </a>
    </cite>
    <a href="$value[url]" target="_blank">$value[subject]</a>
    </li>
        <!--{/loop}-->
        </ul>
        </div>
    <!--{/if}-->
```

这个代码的大体框架就是：

```
<!--{if $_SBLOCK['newarticle']}-->
```

……显示资讯里的最新文章……

```
<!--{else}-->
```

……显示论坛仙剑讨论这个版块的最新主题……

```
<!--{/if}-->
```

"翻译"过来就是说，如果资讯里有新的文章，就显示资讯的最新文章，而不显示论坛的最新主题； 如果资讯里没有新文章，就不显示资讯的最新文章，而显示论坛的最新主题。

经 验　在使用的过程中，大家务必注意语法的配对。有的读者可能只写了<!--{if expr1}-->这一句，而忘记了写结束标记<!--{/if}-->，或者将结束标记<!--{/if}-->写错了位置，就会出现意外的错误。所以大家在模板制作中务必仔细，否则，很有可能检查半天也不会想到是这样的错误。

通过简单的判断语句，我们就实现了更高级的模块调用，改善了用户体验。

8.5.3　自定义广告显示函数

这里就要对站点加入广告了。以首页底部"友情链接"下面的页面底部广告为例进行说明。我们将要学习：

● 在模板中使用自定义广告显示函数添加广告；

● 配合我们学习的条件判断语句，实现不在后台添加广告，或者取消广告显示的时候不显示这个广告位，如图8.35所示；在后台添加并设置为显示的时候才显示该广告位，如图8.36所示。

图 8.35　广告位不显示

图 8.36　广告位显示

首先在Dreamweaver中打开index.html.php这个文件，在页面底部友情链接代码段的下方加入"<!--{eval $ads = getad('system', 'indexad', '1');}-->"，其中getad('system', 'indexad', '1')就是自定义广告显示函数，它表示获取系统设置中的首页广告，通过调用eval函数使其存放在$ads变量中，方便调用。函数中"system"代表它是通过系统后台添加的广告，"indexad"代表广告投放的频道是首页聚合页面，"1"代表只在一级页面（即首页）投放。

大家可以对应后台设置中的添加系统广告，对这个函数更深入地了解，如图8.37所示。

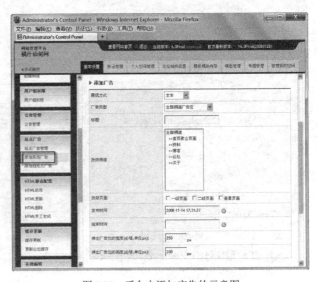

图 8.37　后台中添加广告的示意图

接下来要添加广告。这个是在上一章中仿造友情链接制作的赞助商链接的HTML代码。

```
<div class="footad"><div>……这里放置广告……</div></div>
```

它的CSS代码基本和友情链接的样式相同，只不过更换了外层div的背景。具体方法请见上一章中的相关讲解。

然后加入广告显示变量：

```
<div class="footad"><div>$ads[pagefootad]</div></div>
```

这里的$ads就是刚才通过自定义广告函数设置的变量名称，pagefootad表示的是调用的广告类型是页面底部广告，图8.37所示的广告类型设置。

这样就能调用页面底部的广告了，并且在首页聚合频道这个一级界面进行显示。

接下来就要通过条件判断函数使广告仅在开启的时候才会显示。加入条件判断语句，整个广告位的代码为

```
<!--{eval $ads = getad('system', 'indexad', '1');}-->
    <!--{if !empty($ads['pagefootad'])}-->
        <div class="footad"><div>$ads[pagefootad]</div></div>
    <!--{/if}-->
```

至此，页面底部的广告位就制作完成了，像页面右侧、页面头部的广告位制作方法是一样的，只不过需要改变自定义广告函数getad('user','adid')中的相关设置，建议读者朋友参考default模板中的相关广告位的调用。

8.6 完成测试

经过一番努力之后，我们的页面终于制作完成了。建议大家把自己制作好的模板上传到空间里进行测试，看是否有问题，其实主要的问题在前面的讲解中已经有所涉及，主要是模板代码的书写。然后看看是否有新的需要，并进一步完善。

从本次的制作经历中来看，制作一套完整的SupeSite系统模板并不难，只要掌握了基本的模块操作技巧，并配合模块高级语法函数的使用，可以制作很完善的动态页面。这里也并不需要了解多么深奥的知识，只要在上一章中，制作好了静态的模板，然后再添加模块，就可以实现动态网站的功能。可见，制作静态页面所用到的div+CSS是基础，希望大家多花点时间，弄明白，弄透彻，这才是制作一个好网站的根本。

8.7 Discuz! 模板系统简介

上一节中，我们学习了SupeSite系统模板的制作方法，想必大家可以自己动手制作一套属于自己的模板了。这一节中，将简要介绍一下Discuz!论坛系统的模板。

一套独立完整的Discuz!模板的CSS是存放在模板目录下的css.htm文件中的，这个文件在Dreamweaver中是不能看到样式的，需要将其更名为css.css才能看到它的样式。所以大家如果想自己独立制作一套Discuz!模板的话，就需要先在本地制作好css.css文件，然后另存为css.htm文件。另外，该文件中的各个div的名称以及风格变量名称必须参照default模板中的css.css文件的相关设置，否则将无法正常显示。没有能力的朋友可以在作者允许的情况下，使用或者修改模板为已所用。

限于篇幅，这里仅介绍如何在后台中通过修改default模板制作一个简单的Discuz!模板。

制作模板之前，进入论坛根目录下的images文件夹，拖动复制一份default文件夹，改名为"newtpl"，里面也可以放置一些自己制作好的相关图片，但是名称需要和default中的保持一致。然后进入templates文件夹，新建一个名为"newtpl"的文件夹，到templates文件夹里的default文件夹下，复制css.htm、header.htm、footer.htm和css_append.htm文件，粘贴到刚才新建的newtpl文件夹。

进入后台论坛设置，单击"模板编辑"，输入模板信息，添加模板。

然后，单击"界面风格"，添加模板。

接下来，在"界面风格"中找到刚才添加的模板，单击"详情"，就可以对自己的模板进行修改了。很多朋友看不懂那些设置，这里给大家提供两张Discuz!模板风格教程的模板风格变量示意图，如图8.38和图8.39所示，大家参照这两张图片进行设置，就可以很方便地制作模板了。需要说明的是，这两张图片由康盛创想团队成员dfox制作，原帖地址是http://www.discuz.net/thread-687644-1-1.html。

图8.38　论坛界面和模板变量对应图（一）

图 8.39　论坛界面和模板变量对应图　（二）

对照这两张图，大家就可以根据自己的需要，轻松地在后台对新的模板进行编辑了。编辑完成后单击提交，回到论坛首页进行刷新，然后在底部的界面风格中选择自己制作的模板即可。

8.8 本章小结

　　在本章中，通过橘汁仙剑网这个实例学习制作了SupeSite系统模板，并简单了解了在后台编辑Discuz!论坛模板的方法。这里，我们可以看出SupeSite强大的模块系统的简单实用。当然，大家也可以根据自己的喜好选择自己喜爱的CMS程序并根据相关的教程制作自己的模板文件，从而建立一个动态站点。模板的制作其实大同小异，例如SupeSite系统采用是模块系统，而PHPCMS则采用的是标签系统，其实它们的原理都是一样的，都是在现有的静态模板的基础上进行改造，加入相应的模块或标签，实现数据的动态调用。由此，可以看出制作HTML静态页面和学习DIV+CSS技术的基础性以及重要性，所以大家务必加强基础的学习，千万不要好高骛远。没有学习扎实就贸然制作，结果只能是费时费力，适得其反。

　　CMS程序为我们提供了强大的后台，给我们打好了地基，我们则使用DIV+CSS的技术进行前台页面的制作，用div搭建房屋然后用CSS进行装修。在这个过程中，我们能够体会到用CSS布局的方便与简单，也能够体会到整个站点制作完成后的那份喜悦。相信大家在学习好DIV+CSS技术之后，也能够制作一个自己的动态网站。